普通高等教育"十三五"规划教材

材料力学实验、仿真与理论

主编 阚前华 张 旭

科学出版社

北京

内 容 简 介

本书针对"材料力学"课堂的教学特点,借助数字化教材的优势,将理论、实验和数值仿真结合在一起,通过有限元仿真视频的方式将材料力学的几种典型的变形方式生动地呈现出来,通过非接触式应变测量技术将实验中试样的变形过程还原出来,极大地方便学生学习和加深理解。本书主要内容为绪论、轴向拉伸和压缩、扭转、弯曲、强度理论、组合变形、压杆稳定、交变应力-疲劳分析、材料力学性能的进一步研究和有限元软件分析常见错误。

本书可作为理工院校,特别是土木、机械、力学和材料等专业的本科生教材以及教师学习材料力学理论和实验内容的参考书,也可以作为有限元软件初学者的参考书。

图书在版编目(CIP)数据

材料力学实验、仿真与理论/阚前华,张旭主编. —北京:科学出版社,2018.2

普通高等教育"十三五"规划教材
ISBN 978-7-03-056511-2

Ⅰ.①材⋯ Ⅱ.①阚⋯②张⋯ Ⅲ.①材料力学-实验-高等学校-教材 Ⅳ.①TB301-33

中国版本图书馆 CIP 数据核字(2018)第 021453 号

责任编辑:邓 静 张丽花 / 责任校对:郭瑞芝
责任印制:徐晓晨 / 封面设计:迷底书装

科学出版社出版
北京东黄城根北街 16 号
邮政编码:100717
http://www.sciencep.com

北京盛通商印快线网络科技有限公司 印刷
科学出版社发行 各地新华书店经销
*

2018 年 2 月第 一 版 开本:787×1092 1/16
2020 年 1 月第二次印刷 印张:13
字数:308 000

定价:39.80 元
(如有印装质量问题,我社负责调换)

版权所有,盗版必究

举报电话:010-64034315 010-64010630

前　言

材料力学是力学、土木、机械、交通、材料等专业的一门重要基础课，该课程为后续很多力学相关课程和专业课程的学习提供基础概念。材料力学课程的知识来源于实验和工程实践的提炼，并最终应用于工程技术。一直以来，在西南交通大学力学基础国家级教学团队和国家级、省部级教材项目的支持下，材料力学教学获得长足发展，在翻转课堂、MOOC和在线开放课程建设方面取得了丰富成果。

为了主动契合在线开放课程的需求，我们编写的《材料力学实验、仿真与理论》致力于将材料力学实验教学、理论教学以及有限元仿真模拟结合起来，对"材料力学"课程中开展的实验进行有限元仿真模拟，并在实验和模拟的基础上提炼材料力学的基本理论。课程遵循材料力学课程的通常教学顺序，涵盖拉、压、扭、弯等基本变形形式，以及动载荷和交变载荷等复杂变形形式。最后本书给出了有限元软件使用时常见错误的处理建议。

另外，本书借助先进的互联网技术嵌入丰富的二维码，进而提供实验器材照片、实验录像、模拟仿真录像等多媒体资料的线上浏览。读者也可以通过在线学习网站、手机客户端和公众邮箱等方式实现线下学习和线上学习的互联。

本书可作为力学、土木、机械、材料等专业学习"材料力学"课程的实验教材，也可作为工程技术人员的参考书。读者可使用本书开展材料力学实验和的有限元分析入门学习。

本书的出版得益于四川省基础力学实验教学虚拟仿真平台和西南交通大学实验教学与实验技术项目"材料力学实验的仿真模拟平台开发"的大力支持。李昕玥、张伯聪、张泽斌、赵吉中、徐祥和周廷等做了本书的录入工作。

由于编写时间仓促，书中难免有疏漏之处，欢迎广大师生和工程技术人员批评指正，我们将在后续的版本中予以更新和补充。如有任何问题和建议，请与本书作者联系，联系方式为qianhuakan@foxmail.com，xuzhang85@126.com。

编　者
2017年9月于成都

目 录

第1章 绪论 ... 1
1.1 材料力学的研究对象 ... 1
1.2 材料力学的任务 ... 1
1.3 材料力学的基本假设 ... 2
1.4 杆件的基本变形 ... 3
1.5 材料力学实验及有限元模拟简介 ... 5

第2章 轴向拉伸和压缩 ... 6
2.1 拉压变形概述 ... 6
2.1.1 拉压杆的内力 ... 6
2.1.2 拉压杆的应力 ... 6
2.1.3 变形和应变的概念 ... 7
2.2 杆件拉伸和压缩的应力应变理论分析 ... 8
2.2.1 拉压胡克定律 ... 8
2.2.2 低碳钢材料拉伸时的力学性能分析 ... 9
2.2.3 应力集中 ... 11
2.3 杆件的拉伸和压缩实验 ... 12
2.3.1 低碳钢和铸铁材料的拉伸实验 ... 12
2.3.2 低碳钢和铸铁的压缩实验 ... 17
2.3.3 含孔平板拉伸实验 ... 19
2.4 拉伸和压缩行为的有限元模拟 ... 20
2.4.1 金属材料拉伸过程模拟 ... 20
2.4.2 金属材料压缩过程模拟 ... 36
2.4.3 含孔平板拉伸过程模拟 ... 48

第3章 扭转 ... 61
3.1 扭转变形概述 ... 61
3.2 薄壁圆筒的扭转实验 ... 61
3.3 等直圆杆的扭转实验 ... 63
3.4 杆件扭转行为的有限元模拟 ... 65
3.5 杆件扭转的应力应变理论分析 ... 75
3.5.1 薄壁圆筒扭转时的应力及变形 ... 75
3.5.2 剪切胡克定律 ... 77
3.5.3 等直圆杆扭转时的应力及变形 ... 77
3.5.4 矩形截面杆扭转时的应力及变形 ... 80

第4章 弯曲 ... 81
4.1 弯曲变形概述 ... 81
4.2 梁的纯弯曲实验 ... 82
4.3 梁弯曲行为的有限元模拟 ... 84
4.4 梁弯曲的应力应变理论分析 ... 91
4.4.1 纯弯曲时梁横截面上的正应力 ... 91
4.4.2 梁的切应力 ... 95

第5章 强度理论 ... 99
5.1 强度理论概述 ... 99
5.1.1 单向应力状态 ... 99
5.1.2 纯剪应力状态 ... 99
5.1.3 平面应力状态 ... 99
5.2 梁的强度校核有限元模拟 ... 100
5.2.1 问题描述 ... 100
5.2.2 有限元分析 ... 101
5.3 强度理论 ... 106
5.3.1 脆性断裂 ... 106
5.3.2 塑性屈服 ... 107
5.3.3 强度理论的统一形式 ... 108

第6章 组合变形 ... 110
6.1 组合变形概述 ... 110
6.2 薄壁圆筒弯扭组合变形实验 ... 110
6.3 薄壁圆筒拉扭(压扭)组合有限元模拟 ... 114
6.3.1 问题描述 ... 114
6.3.2 拉扭模型与相关参数 ... 114
6.3.3 有限元分析 ... 114
6.4 薄壁圆筒弯扭组合有限元模拟 ... 122
6.4.1 问题描述 ... 122
6.4.2 弯扭模型与相关参数 ... 122

6.4.3 有限元分析 ……………………… 122
6.5 组合变形理论 …………………………… 130
   6.5.1 拉伸和扭转 ……………………… 130
   6.5.2 压缩和扭转 ……………………… 130
   6.5.3 弯曲和扭转 ……………………… 131

第 7 章 压杆稳定 ……………………… 133

7.1 压杆稳定概述 …………………………… 133
7.2 压杆失稳实验 …………………………… 134
7.3 压杆失稳有限元模拟 …………………… 136
   7.3.1 问题描述 ………………………… 136
   7.3.2 模型与参数 ……………………… 136
   7.3.3 有限元分析 ……………………… 136
7.4 压杆稳定理论 …………………………… 144
   7.4.1 两端铰支细长压杆临界力的欧拉公式 …………………… 144
   7.4.2 其他杆端约束下细长压杆临界力的欧拉公式 …………… 146
   7.4.3 对欧拉公式的一些分析 ………… 148

第 8 章 交变应力-疲劳分析 …………… 150

8.1 概述 ……………………………………… 150
8.2 疲劳失效实验 …………………………… 150
8.3 梁的疲劳失效有限元模拟 ……………… 152
   8.3.1 ABAQUS 疲劳分析简介 ………… 152
   8.3.2 有限元分析 ……………………… 153
8.4 疲劳分析 ………………………………… 171
   8.4.1 疲劳极限 ………………………… 171
   8.4.2 疲劳分析方法 …………………… 173

第 9 章 材料力学性能的进一步研究 …… 176

9.1 概述 ……………………………………… 176
9.2 应变速率和应力速率相关材料力学性能实验 ……………………………… 176
9.3 温度相关材料力学性能实验 …………… 177
9.4 金属材料的蠕变和应力松弛实验 ……… 179
9.5 材料一些特殊力学性能的模拟 ………… 181
   9.5.1 蠕变有限元模拟 ………………… 181
   9.5.2 带孔平板的热应力分析 ………… 187
9.6 材料力学性能评估方法 ………………… 191
   9.6.1 率相关理论 ……………………… 191
   9.6.2 温度相关理论 …………………… 192
   9.6.3 蠕变和松弛理论 ………………… 192

第 10 章 有限元软件分析常见错误 …… 194

10.1 错误查看和分析 ……………………… 194
10.2 常见错误和解决方法 ………………… 194
   10.2.1 DAT 文件常见错误和警告信息 ……………………… 195
   10.2.2 MSG 文件常见错误和警告信息 ……………………… 199
   10.2.3 LOG 文件常见错误和警告信息 ……………………… 201
10.3 小结 …………………………………… 201

参考文献 ………………………………… 202

第1章 绪　　论

1.1　材料力学的研究对象

工程中的各种结构和机械系统都是复杂的，因此，可以选取组成各种结构的元件和组成各种机械的零件(即构件)作为研究对象。而构件按照几何尺寸又可以进一步分为杆件、板壳和实体。其具体可分为以下3类。

(1) 杆件：长度方面的尺寸远大于其他两个方向的尺寸。
(2) 板壳：厚度方面的尺寸远小于其他两个方向的尺寸。
(3) 实体：3个方向的尺寸处于同一量级。

由于学科的局限性，材料力学主要以杆件为研究对象；关于板壳的研究有专门的课程，如"板壳力学"；而关于实体的研究，则有"弹性力学"等后续课程来深入研究。

杆件作为"材料力学"课程的研究对象，通过横截面和轴线两个几何要素可以很好地描述，并且根据其几何特征又可以将杆件进一步分为以下4种。

(1) 直杆：轴线为直线。
(2) 曲杆：轴线为曲线。
(3) 等截面杆：横截面相等。
(4) 变截面杆：横截面渐变或者突变。如图1-1所示的高架桥就是变截面杆的实例。

图1-1　变截面高架桥

为了更进一步地简化研究，材料力学的基本理论主要是基于等截面直杆建立的，结果可近似应用于缓变、阶梯杆及小曲率杆。

1.2　材料力学的任务

在工程实际中，结构或机械一般由各种零件(称为工程构件，member)组成。当结构或机械工作时，这些构件就会承受一定的载荷(load)，即力的作用。力产生的效应有以下两种。

(1) 外效应：改变物体的运动状态。
(2) 内效应：改变物体的形状。

回顾"理论力学"课程的学习，其研究对象是刚体，即不考虑研究对象的形状和变形，只研究力产生的外效应。而"材料力学"课程不同，它是以变形体为研究对象，研究力产生的内效应，即研究物体的变形及破坏规律。

结构或机械若要正常工作服役，组成它们的构件需要有足够的承载能力，这种承载能力，可以进一步具体化为对强度、刚度和稳定性三方面的要求。

1) 强度

在载荷的作用下，保证每个构件和整体结构正常工作且**没有发生破坏**。而破坏主要指**断裂和明显的塑性变形**。典型的断裂事件，如：1912 年 4 月 14 日，英国豪华游轮泰坦尼克号撞上冰山，随后船裂成两半后沉入大海，船上 1500 多人丧生。典型的塑性破坏事件，如：交通事故中被撞汽车的车身蒙皮发生严重塑性变形。

2) 刚度

在载荷的作用下，保证每个构件和整体结构正常工作而所有**构件的变形均在允许范围内**。例如，住在高层建筑顶层的住户，在风载和地震载荷作用下，感受到的剧烈摇晃现象，就是房屋刚度的体现。

3) 稳定性

在载荷的作用下，保证每个构件和整体结构正常工作而所有**构件能保持原有的平衡状态**。例如，细长压杆承压时如失去原有的直线平衡状态而变弯和薄壁构件承载时发生褶皱都称为失稳，或称屈曲。在工程中，建筑物的立柱、桥梁结构内的受压杆如果失稳，将可能导致建筑物和桥梁的整体或局部塌毁，工程施工中常发生脚手架失稳导致的事故。此外，人类的皮肤经历岁月的沧桑会出现皱纹，皱纹也是一种屈曲失稳。

工程设计的基本要求可归结为两条，即安全性(材料、尺寸设计等)和经济性。首先，要求构件满足强度、刚度和稳定性的要求；其次，要求构件具有最佳的几何形状，材料消耗少，使整个设计精巧、质量轻，取得最好的经济效益。但安全性与经济性这两方面的要求往往是互相矛盾的。

材料力学的任务就是为科学地解决这一对矛盾，为将来合理地选择构件材料、确定其截面尺寸和形状，提供分析的理论基础和具体的计算方法。基于材料力学课程的学习，可以解释下面这些日常生活中的问题。

(1) 竹子和骨头为何是中空的结构？
(2) 一张 A4 纸在自重下会发生显著的弯曲变形，而经过折叠后的 A4 纸为何可以承受一个手机的重量？

1.3　材料力学的基本假设

任何一门学科都有其赖以发展的基本假设。基本假设往往是对研究对象的理想化处理，但可以把握研究对象和问题的主要属性及矛盾，使分析的对象和问题得以简化。材料力学的研究对象是变形体，对于变形体需要做如下假设。

(1) 连续性假设：材料连续地、不间断地充满变形固体所占据的空间，没有空隙和裂缝。根据连续性假设，构件中的力学量(如各点的受力、位移)均可用坐标的连续函数表示，并能运用微分和积分等数学工具。对于含空隙和裂纹的材料力学性能研究，有专门的课程，如"断裂力学"和"损伤力学"等。

(2) 均匀性假设：材料性质在变形固体内处处相同，组织结构处处相同，根据此假设，就可以从构件内任意截取一部分来研究，其物理性质相同。

(3) 各向同性假设：表征力学性质的物理量，如弹性模量、泊松比等，与方向无关。性质与方向相关的材料，如木材、复合材料等，称为各向异性材料。

(4) 弹性假设：材料在弹性范围内工作。弹性是指作用在构件上的载荷撤销后，构件的变形全部消失，其几何形状得以恢复。

(5) 小变形假设：指构件在外力作用下发生的变形量远小于构件的尺寸。基于小变形假设，进行静力分析时，可按物体的原始尺寸计算；当**计算位移、变形时，可以略去变形的高阶量，简化计算过程**。以图 1-2 所示的结构为例，计算夹角为 α 的两杆件在外力 F 作用下，每个杆件所承受的拉力 F_{N1} 和 F_{N2}。显然，杆件在外力 F 作用下，两杆件的夹角不再是 α，基于此时的几何尺寸列写平衡方程来求解杆件内力虽然是准确的，但是数学上是复杂的。因此，根据小变形假设，可以基于变形前的构型列平衡方程来求解杆件内力，最终求得

$$F_{N1} = F_{N2} = \frac{F}{2\cos\alpha} \tag{1-1}$$

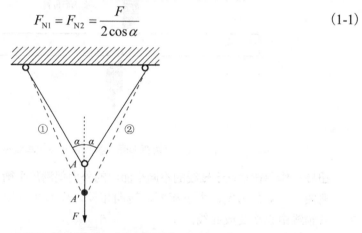

图 1-2 杆件结构受拉示意图

1.4 杆件的基本变形

作用在杆件上的外力主要有力和力矩，根据外力与描述杆件的几何要素(横截面和轴线)之间的相对关系，杆件可以发生拉(压)、剪切、扭转、弯曲等基本变形，具体如表 1-1 所示。

表 1-1 杆件发生的基本变形

力(力偶)作用方式	力	力偶
力(力偶)作用线平行于杆件轴线	拉(压)	扭转
力(力偶)作用线垂直于杆件轴线	剪切	弯曲

拉(压)：受力特点为外力或其合力的作用线与杆件轴线重合，从而导致其变形特点为杆件沿轴向的伸长或缩短。

主要承受拉载荷的杆件通常称为**拉杆**，主要承受压载荷的杆件通常称为**压杆**，也称为柱，如图1-3所示。

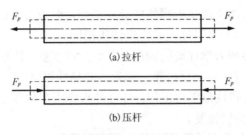

图1-3　拉压变形受力特点

剪切：一对外力，作用线平行但不重合，垂直于轴线方向作用，且距离很近，从而引起相邻横截面间发生错动的变形，如图1-4所示。

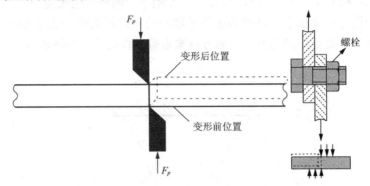

图1-4　剪切变形受力特点以及发生剪切变形的螺栓

扭转：作用在垂直于轴线的不同平面内的外力偶满足平衡条件，从而使杆件产生相对扭转。

弯曲：一对外力偶，大小相同，转向相反，作用在轴线所在的平面内，杆件在变形过程中，其轴线由直线变成曲线。

主要承受弯曲载荷的杆件通常称为梁，如图1-5所示。

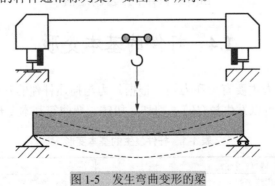

图1-5　发生弯曲变形的梁

还有一些杆件，在实际承载时，往往同时发生几种基本变形，例如，车床主轴工作时同时发生弯曲、扭转、压缩三种基本变形。杆件在基本变形形式下的力学分析有助于解决复杂组合变形形式下杆件的变形。

日常生活中常用的汉字"轴""柱""梁",其定义竟然可以通过科学的语言来描述,科研与文学的相通在此得到了淋漓尽致的体现。

1.5 材料力学实验及有限元模拟简介

1. 材料力学实验简介

材料力学实验教学部分在整个材料力学教学中具有重要地位,是学生从理论向实践迈出的重要一步,有利于巩固、加深和运用基本理论知识,培养独立确定实验方案和正确处理实验结果的能力,养成严肃认真的科学作风。

本书针对理论部分的内容介绍相关实验,如表 1-2 所示。

表 1-2 实验列表

序号	实验
1	杆件的拉伸和压缩实验
2	薄壁圆筒和等直圆杆的扭转实验
3	梁的纯弯曲实验
4	拉伸(压缩)和扭转组合变形实验
5	压杆失稳实验
6	疲劳失效实验
7	应变速率和应力速率相关材料力学性能实验
8	与温度相关材料的力学性能实验
9	材料的蠕变和松弛实验

2. 有限元模拟简介

有限单元法是随着电子计算机发展而迅速发展起来的一种现代计算方法,已广泛应用于结构设计和强度校核等多个领域。有限单元法的理论基础为用较简单的问题代替复杂问题后再求解,它将求解域看成由有限个单元子域组成,对每一单元假定一个合适的(较简单的)近似解,然后推导求解这个域总的满足条件(如结构的平衡条件),从而得到问题的解。这个解不是准确解,而是近似解,由于大多数实际问题难以得到准确解,而有限元不仅计算精度高,而且能适应各种复杂形状,因而成为行之有效的工程分析手段。

常见的有限元软件有 ABAQUS、ANSYS、MARC、MAGSOFT、COSMOS 等,本书将对前面的材料力学实验用 ABAQUS 软件进行有限元模拟。

3. 本章小结

材料力学主要是在均匀连续性假设、各向同性假设、小变形假设等基础上,具体研究杆件在拉(压)、剪切、扭转、弯曲等变形形式下的强度、刚度和稳定性问题。本书将从实验、理论和仿真(即有限元模拟)三个方面对其进行介绍。

第 2 章 轴向拉伸和压缩

2.1 拉压变形概述

拉伸和压缩是最简单的变形形式,如图 2-1 所示,在等直杆件两端作用一对大小相等、方向相反、作用线与杆件重合的力,这种变形称为轴向拉伸或压缩。

轴向拉伸或压缩的受力特点是:杆两端力的作用线通过每个截面的形心,作用线与杆件轴线重合;变形特点是:杆件发生沿轴线方向的伸长或缩短。

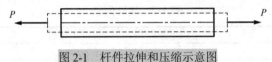

图 2-1 杆件拉伸和压缩示意图

2.1.1 拉压杆的内力

在外力作用下,受力体内部各部分由于"应激"响应引起的相对位置改变而存在相互作用,即内力。考虑到物体在不受外力的作用下,也存在原子间的交互作用而不至于开裂,材料力学中的内力,是指物体内部各部分之间由于外力而引起的附加相互作用力,即"附加内力"。根据连续性假设,物体内部相邻部分之间相互作用的内力是一均匀分布的力系,特定截面上的内力通常是该内力系的合成(力或力偶)。其中,与杆件轴线相重合的内力,称为轴力,用符号 F_N 表示。当杆件受拉时,轴力为拉力,方向背离截面;而当杆件受压时,轴力为压力,方向指向截面。通常规定:拉力用正号表示,压力用负号表示。

2.1.2 拉压杆的应力

1. 应力的概念

单凭内力的大小还不足以分析构件的受力程度,进而进行强度和破坏分析。例如,同一材料制成的粗细不同的拉压杆,在同样的轴向拉力作用下,横截面上的内力(轴力)是相同的。随着外载荷的增加,显然较细的杆件会首先发生破坏。由此可见,单位面积上的内力更能反映构件的受力程度。为此,引入应力的概念,定义为内力在横截面上的分布集度。内力通常并非均匀分布,集度的定义不仅准确而且重要。在大多数情形下,工程构件的"破坏"或"失效"往往从内力集度最大处开始。

在截面 m—m 上点 A 处附近取面积微元 ΔA,该面积微元上的内力为 ΔF,可以定义该面积微元上的平均应力为

$$p_M = \frac{\Delta F}{\Delta A} \tag{2-1}$$

式中,下标 M 代表面积微元上的平均值(mean)。令 ΔA 逐渐向点 A 缩小而趋于零,可得 A 点的总应力为

$$p_M = \lim_{\Delta A \to 0} \frac{\Delta F}{\Delta A} = \frac{dF}{dA} \tag{2-2}$$

应力反映了 A 点处分布内力的集度。由于内力是矢量，由此而定义的应力也将是矢量。通过矢量分解，可以进一步将总应力分别沿截面的法线和切向进行分解。垂直于截面的应力分量称为"正应力"(normal stress)，定义为

$$\sigma = \lim_{\Delta A \to 0} \frac{\Delta N}{\Delta A} = \frac{\mathrm{d}N}{\mathrm{d}A} \tag{2-3}$$

式中，ΔN 为内力 ΔF 沿截面法线方向的分量。位于截面内的应力分量称为"剪应力"(shear stress)，定义为

$$\tau = \lim_{\Delta A \to 0} \frac{\Delta T}{\Delta A} = \frac{\mathrm{d}T}{\mathrm{d}A} \tag{2-4}$$

式中，ΔT 为内力 ΔF 沿截面切线方向的分量。

通过量纲分析可知，上述定义的应力量纲为[力]/[长度]^2，应力的基本单位是帕斯卡(Pa)，1Pa=1N/m^2。常用应力单位还有兆帕(MPa)和吉帕(GPa)，其中 1MPa=10^{6}Pa=1N/mm^2，1GPa=10^{9}Pa。工程中常用的 Q235 钢的屈服应力为 235MPa。

2. 拉压杆横截面上的正应力及其分布

为了确定拉压杆横截面上的应力，必须先了解横截面上的内力分布规律，而横截面上的内力分布规律可以通过实验观察杆件的拉压变形，总结其变形规律，进而分析得到分布内力在横截面上的分布规律。

如图 2-2 所示，在变形前的杆件上划上纵横交错的线，其中横向线可以反映横截面的变形特征，而纵向线可以反映纵向纤维的变形特征。施加轴向力 P 后，可以发现受力前相互垂直的横向线和纵向线在变形后仍然保持相互垂直，并仍然保持为直线。由于横向线为横截面与试样外表面相交而成的轮廓线，且横向线仍然保持为直线，因此可以由表及里地推断出横截面在拉压变形前后仍然保持为平面，即拉压平截面假设。纵向线反映的是横截面间纵向纤维的变形，由于所有的纵向线变形程度相同，根据材料的均匀连续性假设可推知，分布内力在横截面上均匀分布。相应地，由轴力引起的正应力 σ 在横截面上均匀分布。

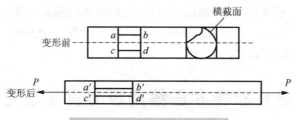

图 2-2 变形前后横截面的变化

根据静力学等效，横截面上的轴力为横截面上内力的合力，即

$$F_\mathrm{N} = \int_A \mathrm{d}F_\mathrm{N} = \int_A \sigma \, \mathrm{d}A = \sigma \int_A \mathrm{d}A = \sigma A \tag{2-5}$$

最终可得横截面上的正应力计算公式为

$$\sigma = \frac{F_\mathrm{N}}{A} \tag{2-6}$$

2.1.3 变形和应变的概念

设杆件的原长为 l，拉(压)变形后的杆件长度为 l_1，杆件的纵向变形量定义为

$$\Delta l = l_1 - l \tag{2-7}$$

由于拉(压)杆件的伸长量(缩短量)与杆件的原长有关,例如,如果长度分别为 1m 与 2m 的杆伸长 1cm,很难说它们的变形程度相同。为了充分反映杆件的变形程度,需要引入相对变形的概念。假设拉压杆的各部分是均匀变形,杆件的变形程度可以通过单位长度的变形量来定义,即拉(压)杆的纵向线应变可以定义为

$$\varepsilon = \frac{\Delta l}{l} \tag{2-8}$$

拉(压)变形时,杆件的横截面尺寸通常会发生相应的收缩(增大)。假设杆件的原始横截面尺寸为 a,受轴向力作用后,横截面尺寸变为 a_1,则横向变形量定义为

$$\Delta a = a_1 - a \tag{2-9}$$

衡量横向变形程度的横向线应变定义为

$$\varepsilon' = \frac{a_1 - a}{a} = \frac{\Delta a}{a} \tag{2-10}$$

需要注意的是,横向变形 Δa 与横向尺寸 a 的选取有关(如圆截面的直径 d、周长 πd 的变形分别是 Δd、$\pi \Delta d$),而横向线应变 ε' 与横向尺寸 a 的选取无关(如圆截面的直径 d、周长 πd 的线应变均为 $\Delta d/d$)。

量纲分析易得出线应变是一无量纲的量,其正负分别反映拉压杆是伸长变形还是缩短变形,横截面是增大还是缩小。拉(压)变形时,纵向线应变和横向线应变的符号刚好相反。实验研究还表明,当材料处于线弹性变形阶段时,横向线应变和纵向线应变之间的比值为一常数,即

$$\nu = \left| \frac{\varepsilon'}{\varepsilon} \right| \quad \text{或} \quad \varepsilon' = -\nu\varepsilon \tag{2-11}$$

式中,ν 为泊松比,为一无量纲量,是反映材料固有力学性能的重要参数,可通过实验测定。工程中常见材料的泊松比 $0 < \nu < 0.5$,即拉(压)杆纵向伸长(缩短)时,横向缩短(伸长),例如,低碳钢 Q235 的泊松比为 0.24~0.28。目前,也出现了负泊松比材料,即 $-1 < \nu < 0$,此时拉(压)杆纵向伸长(缩短)时,横向也伸长(缩短)。泊松比的取值范围通常是 $-1 \leqslant \nu \leqslant 0.5$。当且仅当 $\nu = -1$ 时,拉(压)杆变形前后的体积改变量最大;当且仅当 $\nu = 0.5$ 时,拉(压)杆变形前后无体积改变(即等容变形或不可压缩)。

2.2 杆件拉伸和压缩的应力应变理论分析

2.2.1 拉压胡克定律

胡克定律是材料力学和弹性力学中的一条基本定律,由英国物理学家罗伯特·胡克于 1678 年提出。实验表明,当作用在杆件上的轴力不超过材料的比例极限时,其轴向变形量 ΔL 与轴向外力 F 之间满足如下关系:

$$\Delta L \propto F \tag{2-12}$$

进一步发现,ΔL 与杆长 L 成正比,与横截面面积 A 成反比,即

$$\Delta L \propto \frac{FL}{A} \quad \text{或} \quad \frac{\Delta L}{L} \propto \frac{F}{A} \tag{2-13}$$

根据正应力定义式(2-6)和纵向线应变的定义式(2-8),可得单向应力状态下的胡克定律为

$$\sigma = E\varepsilon \tag{2-14}$$

式中，比例常数 E 称为材料的弹性模量，又称杨氏模量(纪念英国科学家 Thomas Young)。弹性模量是材料最重要、最具特征的力学性质，反映材料弹性变形的难易程度。

2.2.2 低碳钢材料拉伸时的力学性能分析

进行拉伸实验时，外力必须通过试样轴线，以确保材料处于单向应力状态。一般实验机都设有自动绘图装置，用以记录试样的拉伸图，即 F-ΔL 曲线，形象地体现了材料变形特点以及各阶段受力和变形的关系。但是，F-ΔL 曲线的定量关系不仅取决于材质，而且受试样几何尺寸的影响。因此，拉伸图往往使用名义应力-应变曲线(即 σ-ε 曲线)表示为

$$\sigma = \frac{F}{A_0} \quad \text{——试样的名义应力} \tag{2-15}$$

$$\varepsilon = \frac{\Delta L}{L_0} \quad \text{——试样的名义应变} \tag{2-16}$$

σ-ε 曲线与 F-ΔL 曲线相似，但消除了几何尺寸的影响，因此能代表材料的属性。单向拉伸条件下的一些材料的力学性能指标就是在 σ-ε 曲线上定义的。如果实验能提供一条精确的拉伸曲线，那么单向拉伸条件下的主要力学性能指标就可精确地测定。

不同性质的材料拉伸过程也不同，其 σ-ε 曲线会存在很大差异。

低碳钢材料的拉伸曲线在工程材料中十分典型，正确地认识低碳钢的拉伸过程和破坏特点有助于正确、合理地认识和选用材料。

低碳钢具有良好的塑性，其拉伸 σ-ε 曲线可以分成典型的四个阶段。

1. 弹性阶段

试件的变形是弹性的。在弹性范围内卸载，试样可恢复原来的尺寸，无任何残余变形。如图 2-3 所示，弹性阶段的最大应力(B 点)，为材料的弹性极限 σ_e。在弹性范围内材料的应力、应变符合线性关系的最大应力(A 点)，定义为比例极限 σ_p。当正应力小于比例极限时，应力与应变关系满足胡克定律，即式(2-14)。

比例系数 E 代表直线 OA 的斜率，称为材料的弹性模量。需要注意的是，虽然弹性极限和比例极限的物理意义不同，但是由于其数值差异较小，工程上通常不做区分。

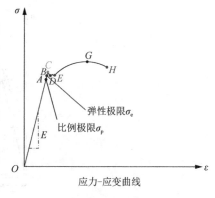

图 2-3 弹性阶段

2. 屈服(流动)阶段

随着载荷的继续增加，应力-应变曲线上出现锯齿状的响应曲线，如图 2-4 所示，此阶段应力几乎保持不变，而变形快速增长，材料暂时丧失抵抗继续变形的能力，材料的变形呈现塑性屈服或流动。此阶段对试样进行磨削后抛光，如果试样表面光滑、材料杂质含量少，可在试件表面上观察到与试件轴线成 45°的条纹，称为滑移线。试件在 45°的滑移面上有最大切应力。

屈服阶段，应力有锯齿状的波动。通常把应力第一次下降前的最大应力(C 点)称为上屈服点。除第一次下降的最小应力外，屈服阶段的最小应力(D 点)称为下屈服点。通常将下屈服点定义为材料的屈服极限 σ_s，作为材料开始进入塑性的标志。应力一旦超过 σ_s，材料就会

屈服，构件就会因过量变形而失效。因此，强度设计时常以屈服极限 σ_s 作为确定许可应力的基础。工程中常用的 Q235 钢的屈服极限为 $\sigma_s = 235\,\mathrm{MPa}$。

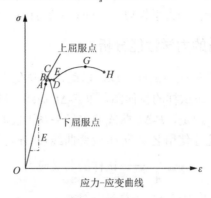

图 2-4 屈服阶段

需要注意的是，进入屈服阶段后，试件的横截面积和标距会发生显著改变，因此得到的名义应力和名义应变都不再是真实值。

3. 强化阶段

屈服阶段结束后，材料内部产生了抵抗塑性滑移的抗力，应力-应变曲线又开始上升而使材料产生强化，如图 2-5 所示。从屈服阶段开始，材料的变形包含弹性和塑性两部分，即

$$\varepsilon = \varepsilon_e + \varepsilon_p = \frac{\sigma}{E} + \varepsilon_p \tag{2-17}$$

式中，弹性应变 ε_e 和应力之间满足胡克定律。

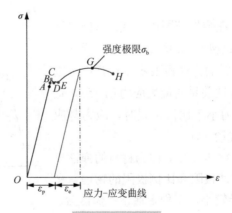

图 2-5 强化阶段

强化阶段卸载时，应力将沿着与弹性阶段平行的路径进行卸载，弹性变形随之消失，而塑性变形将永远保留下来。卸载后若重新加载，载荷与变形之间基本上还是遵循卸载时的直线规律，但弹性阶段将加长，材料将在较高应力水平下发生剧变，这一现象称为形变强化或冷作硬化。因此，形变强化可以有效提高材料的屈服强度，是强化金属材料的重要手段。例如，喷丸、挤压、冷拔等工艺，就是利用冷作硬化来提高材料强度。

强化阶段内的最大名义应力（G 点）定义为材料的抗拉强度，又称为材料的强度极限，记作 σ_b。工程中常用的 Q235 钢的抗拉强度 $\sigma_b = 390\,\mathrm{MPa}$。对低碳钢来说，$\sigma_b$ 是材料均匀塑性变形的最大抗力，此后材料将进入颈缩阶段。

4. 颈缩阶段

应力达到抗拉强度后，塑性变形开始在局部进行，试件沿长度方向的变形不再是均匀的，可观察到颈缩现象。随着试件的承载面积迅速减小，载荷随之不断下降，最后在颈缩区发生断裂。

断裂时，试样的弹性变形消失，塑性变形则残留在破断的试样上。将拉断后的试样对拢，可测得表征材料塑性性能的两个指标。

伸长率 δ ——试件拉断后标距范围内平均的塑性变形百分率为

$$\delta = \frac{L_1 - L}{L} \times 100\% \tag{2-18}$$

断面收缩率——试件断口处横截面面积的塑性收缩百分率为

$$\psi = \frac{A - A_1}{A} \times 100\% \tag{2-19}$$

式中，L_1 和 A_1 分别代表试样拉断后的标距和断口的面积。工程中一般将 $\delta > 5\%$ 的材料定义为塑性材料(或韧性材料)，而将 $\delta < 5\%$ 的材料定义为脆性材料。

工作段的伸长率包括塑性屈服阶段和强化阶段的均匀塑性伸长 $\Delta L'$，以及颈缩阶段的局部塑性伸长 $\Delta L''$，即

$$\delta = \left(\frac{\Delta L'}{L} + \frac{\Delta L''}{L}\right) \times 100\% \tag{2-20}$$

式中，第一项与标距和截面尺寸无关，第二项取决于标距长度与横截面尺寸的比值。通过分析易得到结论：5 倍标距试样的伸长率要大于 10 倍标距试样的伸长率，即 $\delta_5 > \delta_{10}$。工程中常用的 Q235 钢的塑性指标为 $\delta_5 = 26\%$，$\delta_{10} = 22\%$，$\psi \approx 60\%$，是典型的塑性材料。

通过拉伸后的断口分析，可以发现断口呈杯锥状，如图 2-6 所示。破坏原因是低碳钢的抗剪能力低于抗拉能力，最终由剪应力导致剪切断裂。

图 2-6 拉伸后的断口形状

2.2.3 应力集中

在有圆孔的橡皮拉伸试件上画均匀的方格网，受轴向拉伸时会发现，在截面突变处有应力剧增的现象，即应力集中。

对于中间带孔的试样，假定孔边部分的最大应力为 σ_{max}，未开孔横截面上的平均应力为 σ，则应力集中系数可以定义为

$$\alpha = \frac{\sigma_{max}}{\sigma} \tag{2-21}$$

由此可见，应力集中系数 α 是应力集中处的最大应力 σ_{max} 与杆横截面上的平均应力 σ 之比，与材料无关，而与切槽深度和孔径大小有关。通常，对于板宽超过孔径四倍的板条，应力集中系数 $\alpha \approx 3$。

应力集中对不同的材料有不同的影响。对于塑性材料，承受静载荷，尽管局部应力集中区先发生塑性变形，但是由于塑性屈服平台的存在，其应力不再增加，而增加的外力将会使

其他部分的应力继续增加逐渐进入 σ_s，直至整个截面上的应力都达到屈服。然而，对于脆性材料，由于没有屈服平台阶段，当局部应力集中区 σ_{max} 达到 σ_b 时，材料就在该处裂开，因此对于组织均匀的脆性材料，应力集中将极大地降低构件的强度。

应力集中也与载荷的施加形式有关，静载荷作用下应力集中对塑性材料无影响，如图 2-7 所示，但是在交变循环载荷作用下，应力集中区将会形成裂纹，进而影响材料的整体强度，这也是反复弯折铁丝可以很容易地折断铁丝的原因所在。

应力集中也与微结构的组织均匀性有关，应力集中对组织均匀的脆性材料有影响，而对组织不均匀的脆性材料，如铸铁，则不敏感。原因在于铸铁内部有许多不能承载的片状石墨，相当于材料内部有许多小孔穴，由截面尺寸改变引起的应力集中相对于材料本身内部小孔所产生的应力集中微不足道。

应力集中也可以为生活所用，如划玻璃、裁缝剪布等，甚至食品的包装都通过采用锯齿状的封口来利用应力集中而方便地撕开包装袋。对于有害的应力集中，可以通过开过渡圆槽的形式来减缓局部的应力集中。用过钢笔的应该注意到笔尖的小孔设计，如图 2-8 所示。

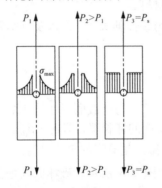

图 2-7　应力集中程度随载荷的变化

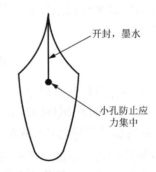

图 2-8　钢笔笔尖中防止应力集中的设计

2.3　杆件的拉伸和压缩实验

2.3.1　低碳钢和铸铁材料的拉伸实验

1. 实验目的

通过单轴拉伸实验了解塑性材料和脆性材料在简单拉伸时的力学性质，实验材料以低碳钢和铸铁为代表。按照相关标准《金属材料　室温拉伸试验方法》（GB/T 228.1—2010）要求完成实验测量工作。单轴拉伸实验是力学性能实验中最基本也是最常用的一个，一般工厂及工程建设单位都广泛利用该实验结果来检验材料的力学性能。实验提供的 E、σ_y、σ_b、δ 和 ψ 等指标，是评定材质和进行强度、刚度计算的重要依据。实验目的如下。

(1) 了解材料拉伸时力与变形的关系，观察试件破坏现象。

(2) 测定塑性材料（如低碳钢）的强度数据，如屈服强度 σ_y 和抗拉强度 σ_b。

(3) 测定塑性材料（如低碳钢）的塑性指标：拉伸时的伸长率 δ 和截面收缩率 ψ。

(4) 测定脆性材料（如铸铁）的强度指标：抗拉强度 σ_b。

(5) 比较塑性材料与脆性材料在拉伸时的力学性质。

2. 实验设备

根据国标规定，实验机应按照 GB/T 16825.1—2008 进行检验，并应为 1 级或优于 1 级准确度。引伸计的准确度级别应符合 GB/T 12160—2000 的要求，测定上屈服强度、下屈服强度、屈服点延伸率、规定非比例延伸强度、规定总延伸强度、规定残余延伸强度，以及规定残余延伸强度的验证实验，应使用不劣于 1 级准确度的引伸计；测定其他具有较大延伸率的性能，应使用不劣于 2 级准确度的引伸计。测量原始直径的分辨率不大于 0.05mm。测定断后标距应使用分辨力优于 0.1mm 的量具或测量装置。

因此，本实验应采用如下测量工具、仪器和设备。

(1) 游标卡尺：用于测量试样标距长度与直径，最高精度为 0.02mm。
(2) 划线器，标记准确到±1%。
(3) 万能材料实验机。主要性能指标如下。
① 最大实验力：200kN。
② 实验力准确度：优于示值的 0.5%。
③ 力值测量范围：最大实验力的 0.4%～100%。
④ 变形测量准确度：在引伸计满量程的 2%～100%范围内优于示值的 1%。
⑤ 横梁位移测量：分辨率的 0.001mm。
⑥ 横梁速度范围：0.005～500mm/min，无级，任意设定。
⑦ 夹具形式：标准楔形拉伸附具、压缩附具、弯曲附具。
⑧ 载荷传感器：0.5 级。
(4) 引伸计：YYU-25/50，标距 50mm，0.5 级。

由于淬火后经低温回火后的低碳钢抗拉强度可达 390MPa，且试样直径为 10mm，因此估算实验过程中最大实验力为

$$F_m = \sigma_b S_0 = 390 \times 10^6 \times 1/4 \times \pi \times (10 \times 10^{-3})^2 \text{N} = 30.6\text{kN} < 200\text{kN}$$

故实验所采用万能材料实验机能够满足加载要求。

3. 试件设计

试样制备是实验的重要环节。国家标准《金属材料 拉伸试验 第一部分：室温试验方法》(GB/T 228.1—2010)对此有详细规定。通常拉伸试样有比例试件和定标准试件两种。

一般拉伸试样由三部分组成，即工作部分(中间直径为 d_0 部分)、过渡部分(中间和两端的直径过渡部分)和夹持部分(试件两头)(图 2-9)。工作部分必须保持光滑均匀以确保材料表面的单向应力状态。均匀部分的有效工作长度 L_0 称为标距。d_0 和 S_0 分别代表工作部分的直径和面积。过渡部分必须有适当的台肩和圆角，以降低应力集中，确保该处不会断裂。试样两端的夹持部分用以传递载荷，其形状尺寸应与实验机的钳口相匹配。

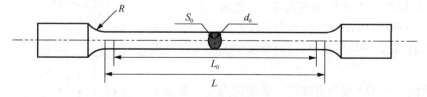

图 2-9 圆形截面拉伸试件

颈缩局部及其影响区的塑性变形在断后伸长率中占很大的比例。同种材料的断后伸长率 (δ) 不仅取决于材质，还取决于试样的标距。试样越短、局部变形所占比例越大，δ 也就越大。为了便于相互比较，试样的长度应当标准化。按照规定，测试断后伸长率应当采用比例试样。比例试样的长度有两种规定。

10 倍直径圆试样：

$$L_0 = 10d_0, \quad \frac{L_0}{\sqrt{A_0}} = 11.3 \tag{2-22}$$

5 倍直径圆试样：

$$L_0 = 5d_0, \quad \frac{L_0}{\sqrt{A_0}} = 5.65 \tag{2-23}$$

按照上述比例，板试样也分长、短两种。

长试样：
$$L_0 = 11.3\sqrt{A_0} \tag{2-24}$$

短试样：
$$L_0 = 5.65\sqrt{A_0} \tag{2-25}$$

用 10 倍直径试样测定的断后伸长率，记作 δ_{10}；用 5 倍直径试样测定的断后伸长率，记作 δ_5。国家标准推荐使用短比例试样。

4. 实验原理

低碳钢为塑性材料，其力-位移 (F-ΔL) 曲线如图 2-10 所示，大致可以分为四个阶段。

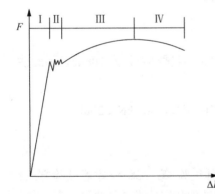

图 2-10 低碳钢拉伸力-位移曲线

第 I 阶段为**弹性阶段**，试样的变形为弹性变形，当移去载荷后，试样将恢复原长。在弹性阶段内，其伸长和载荷满足胡克定律。

第 II 阶段为**屈服阶段**，试样的伸长量增加，但是载荷在一定范围内波动。屈服阶段产生的形变为塑性变形，移去载荷后是不能恢复的。

第 III 阶段为**强化阶段**，试样经过屈服阶段以后，若继续增加其伸长量，由于材料在发生塑性变形后发生了强化，因此试样中的抗力不断增大。强化阶段试样的主要变形为塑性变形，并且其形变量远远大于弹性变形。

第 IV 阶段为**颈缩阶段**，试样伸长到一定程度后会产生应力下降的现象，通过观察试样可以发现在某一段内的横截面面积显著收缩，这就是"颈缩"现象。试样继续伸长的过程中，横截面积急剧减小，导致应力发生降低，最终试样破坏。

低碳钢的力-位移 (F-ΔL) 曲线由于与试样的几何尺寸有关，因此只代表试样的力学性能，不能代表材料的力学性能。通过计算得到其应力-应变曲线，可以将几何尺寸的影响忽略，这样就可以代表材料的力学性能，其应力-应变曲线如图 2-11 所示，得到表征材料力学性能的相关特征点及其含义。

第 I 阶段，在 OA 段为直线段，表明应力与应变呈正比关系，也就是满足胡克定律，这一阶段为弹性阶段。与 A 点相对应的应力称为材料的比例极限，弹性段的斜率即

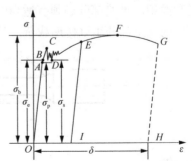

图 2-11 低碳钢拉伸应力-应变曲线

为材料的弹性模量。之后的 B 点为弹性阶段的最高点,是卸载后并不产生塑性变形的极限点,与 B 点对应的应力称为材料的弹性极限。由于比例极限与弹性极限在数值上相差不大,因此在实际工程中通常不进行区分。

第Ⅱ阶段,在屈服阶段内,应力产生波动,但是波动幅度不大。将发生屈服且应力首次下降前所对应的最高应力点 C 点定义为上屈服强度,将屈服期间,不计初始瞬时效应的最低应力点 D 定义为下屈服强度。由于上屈服强度受加载速率等的影响较不稳定,而下屈服强度值较为稳定,因此通常将下屈服强度称为材料的屈服强度或屈服极限。

第Ⅲ阶段,在强化阶段应力随着应变的增加逐渐增大,在最高点 F 处达到最大,将 F 点所对应的应力称为抗拉强度或强度极限。若在此阶段进行卸载,卸载过程的应力-应变为一条斜线,其卸载与比例阶段的直线段斜率相同。卸载应力至零,其应变并未完全消失,这时所残留的应变称为塑性应变或者残余应变,相应随着应力卸载消失的应变称为弹性应变。

第Ⅳ阶段,在颈缩之前,在标距段内试样的变形是均匀的,当应力大于极限应力时,试样的局部出现显著收缩,这时由于局部试样的面积减小,试件继续变形所需载荷减小,所以应力减小,直至最后在 G 点处发生断裂。

铸铁属脆性材料,在拉伸断裂前所能发生的变形是很小的,无屈服阶段和颈缩现象,其 F-ΔL 曲线如图 2-12 所示。

铸铁拉伸实验中,只有一个强度特征值,即拉断时的应力——抗拉强度 σ_b 求出。

5. 实验步骤

(1) 分别取三个低碳钢和铸铁试样并且编号。

(2) 用游标卡尺测量试样原始直径 d_0(用游标卡尺在等直段上选取试样的两端和中央的三个截面,每一个截面沿互相垂直的两个方向测出直径,取平均值),得到数据后看数据是否符合 R4 试样公差要求,若符合则计算各截面的平均值;若不符合,则重新测量,将测得的实验数据填入表 2-1 中。

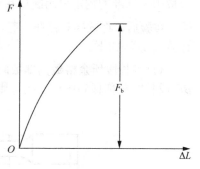

图 2-12 F-ΔL 曲线

(3) 标识试样标距 L_0(划线)。

(4) 装卡引伸计至试样的标距内。

(5) 将试样安装在实验机的上、下头之间。

(6) 在计算机的控制下输入位移速率为 6mm/min,完成程序调试。

(7) 启动测试过程,由计算机记录载荷-伸长量数据。

(8) 在载荷达到极限载荷时(出现颈缩)取下引伸计,将屈服载荷填入表 2-2 中。

(9) 加载直至试样断裂,取下试样,并且记录最大载荷填入表 2-2 中。

(10) 用游标卡尺测量试样断后最小直径 d_u 和断后标距长度 L_u,将测得的实验数据填入表 2-1 中。

(11) 按照上述步骤,进行重复实验。

6. 实验结果处理

1) 强度指标计算

屈服极限:
$$\sigma_y = \frac{F_y}{A_0} \tag{2-26}$$

抗拉强度：
$$\sigma_b = \frac{F_b}{A_0} \tag{2-27}$$

屈服载荷 F_y 取屈服平台的下限值。F_b 取 F-ΔL 曲线的最大载荷。铸铁不存在屈服阶段，故只记 F_b。

2) 塑性指标的计算

断后伸长率：
$$\delta = \frac{L_u - L_0}{L_0} \times 100\% \tag{2-28}$$

断面收缩率：
$$\psi = \frac{A_0 - A_u}{A_0} \times 100\% \tag{2-29}$$

绘出低碳钢和铸铁试样实验前后的形状图形。最后，根据实验结果，计算强度指标和塑性指标，填入表 2-3 中，比较并说明两种材料力学性能的特点。

3) 断口移中法

从破坏后的低碳钢试样上可以看到，各处的残余变形不是均匀分布的，越靠近断口(颈缩)处伸长越多。因此测得 L_u 的数值与断口的部位有关。若试样断口不在标距中间 1/3 范围内，应按国家标准的规定采用断口移中的办法计算长度 L_u。实验前要在试件标距内等分画十个格子。实验后，将试样对接在一起，以断口为起点 O，在长段上取基本等于短段的格数得 B 点。计算 L_u 方法如下：

(1) 当长段所余格数为偶数时，如图 2-13 所示，则量取长段所余格数的 1/2，得 C 点，将 BC 段长度对称移到试样左端，则移后的 L_u 为

$$L_u = AO + OB + 2BC \tag{2-30}$$

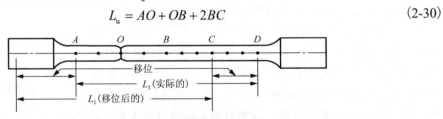

图 2-13 拉伸试样断口移中

(2) 当在长段上所余格为奇数时，如图 2-14 所示，则在长段上所余格数减 1 后的 1/2，得 C 点，再由 C 点向后移一格得 C_1 点。则移位后的标距 L_u 为

$$L_u = AO + OB + BC + BC_1 \tag{2-31}$$

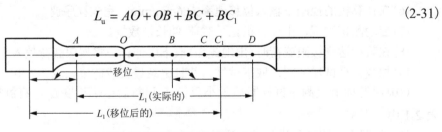

图 2-14 拉伸试样断口移中

当断口非常靠近试样一端，而与端部的距离等于或小于直径的两倍时，一般认为实验结果无效，需要重新实验。

表 2-1　试样原始尺寸

材料名称	实验前							实验后		
	标距 L_0 /mm	直径 d_0 /mm					最小横截面积 A_0 /mm²	标距 L_u /mm	颈缩处之直径 d_u /mm	颈缩处截面积 A_u /mm²
		1		2		3				
			平均		平均		平均				

表 2-2　实验记录数据

材料	屈服载荷 F_{el} /N	最大载荷 F_m /N

表 2-3　计算结果

试件编号	强度指标		塑性指标	
	屈服极限 R_{el} /MPa	抗拉强度 R_m /MPa	断后伸长率 δ /%	断面收缩率 Ψ /%

根据实验结果绘制拉伸图(R-ε)曲线及试样断口草图。

实验视频如下：

2-1　低碳钢拉伸　　2-2　铸铁拉伸(a)　　2-2　铸铁拉伸(b)　　2-3　高分子材料的拉伸

2.3.2　低碳钢和铸铁的压缩实验

1. 实验目的

(1)测定压缩时低碳钢的屈服极限 σ_s 和铸铁的抗压极限 σ_b。

(2)观察低碳钢和铸铁压缩时的变形和破坏现象，并进行比较。

2. 实验设备

(1)液压式万能材料实验机。

(2)游标卡尺。

3. 试样

国家标准《金属材料　室温压缩试验方法》(GB/T 7314—2017)，金属压缩试样的形状可以分为圆柱体、正方形柱体和板状试样三种。采用圆柱状试样，其高度 h_0 为直径 d_0 的 1.5～2 倍，如图 2-15 所示。

4. 实验原理

1)低碳钢的压缩实验

低碳钢在压缩时的 σ-ε 曲线如图 2-16 所示。

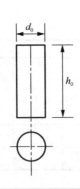

图 2-15　低碳钢和铸铁压缩试样

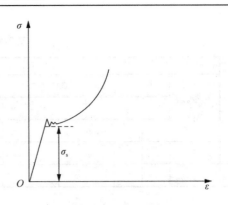

图 2-16　低碳钢压缩实验

低碳钢在压缩至屈服极限以后，因低碳钢试样的轴向长度 h_0 不断缩短，受压面积越来越大，直到被压成鼓形而不产生断裂。如果载荷足够大（如加载至 2000kN），试样可被压成饼状，因此无法测定材料的压缩抗拉强度，故一般来说，钢材的力学性能主要是用拉伸实验来确定的，并认为屈服极限 σ_s 为低碳钢压缩时的强度特征值：

$$\sigma_s = \frac{F_s}{A_0} \tag{2-32}$$

式中，A_0 为试件初始横载面面积；F_s 为低碳钢压缩时的屈服载荷。

必须指出，低碳钢压缩时的屈服阶段并不像拉伸时那样明显，因此在确定 P_s 时要特别小心地观察。在缓慢而均匀地加载时，最初测力指针是等速转动的，但发生屈服时，测力指针的转动减慢，直至停止转动，停留时间很短（如 0.5s），有时也出现回摆现象，这就是屈服现象。指针停留时的载荷或指针往回摆的最低载荷即为材料的屈服载荷 F_s。

2) 铸铁的压缩实验

铸铁是典型的脆性材料，在压缩时并无屈服阶段，其 F-ΔL 曲线如图 2-17 所示，当对试件加至极限载荷 F_b 时，试件在压缩变形很小时就突然发生剪断破坏，断面与试样轴线的夹角为 40°～45°。

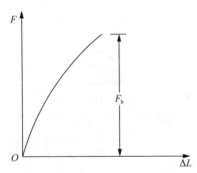

图 2-17　铸铁压缩载荷-位移曲线

此时，测力主动针迅速倒退，由从动针可读出 F_b 值，于是即可确定铸铁的抗拉强度为

$$\sigma_b = \frac{F_b}{A_0} \tag{2-33}$$

式中，A_0 为试件初始横截面面积；F_b 为铸铁压缩时的极限载荷。

实验表明，铸铁的抗压能力比其抗剪能力好，而且在受压时的抗拉强度比受拉时要高 3～4 倍，故铸铁只适用于受压构件。

5. 实验步骤

(1) 测量试样两端及中部共三个位置的直径，为保证精确度，每一截面均取互相垂直的两个方向各测量一次，并计算其平均值，以三截面中最小处的平均值作为计算直径 d_0，再算出试件的初始横截面面积 A_0，将所得数据填入表 2-4 中，无须在试件上刻线。

(2) 根据试样极限载荷的大小，选择合适的测力量程，并配置相应的摆锤。对于低碳钢和铸铁的压缩实验，通常选择 0～300kN 的量程。调整测力指针，对准零点。

(3) 把压缩试样放置于实验机的两个承压垫板之间,并对准轴线。

(4) 开动实验机,慢速加载。对于低碳钢,先记录试件的屈服载荷 P_s,然后加载至大约 200kN 时卸载;对于铸铁,则加载至试件断裂后卸载,记录极限载荷 P_b,停止实验机,取下试样,将所得数据填入表 2-4 中。

(5) 清理仪器设备,结束实验。

(6) 整理数据,完成实验报告。

6. 实验数据记录

表 2-4 实验记录数据

压缩材料	直径			横截面面积 A_0 /mm²	屈服载荷 F_{sc} /kN	最大载荷 F_{bc} /kN
	1	2	平均			

根据实验数据,计算低碳钢的压缩屈服应力 σ_s 和铸铁的抗压强度 σ_b。

实验视频如下:

2-4 低碳钢压缩   2-5 铸铁压缩   2-6 高分子压缩

2.3.3 含孔平板拉伸实验

1. 实验目的

(1) 测定含孔平板的抗拉强度。

(2) 分析板状试样的"应力集中效应"。

(3) 研究应力集中效应对其常规力学性能的影响。

2. 实验设备

(1) 万能材料实验机。

(2) 游标卡尺。

3. 试样

含孔平板的示意图如图 2-18 所示。

4. 实验原理

根据材料力学性能理论知识可知,如果存在孔洞,则在静拉伸作用下,含孔横截面上的应力状态将发生改变,这就是"应力集中效应"。"应力集中效应"包

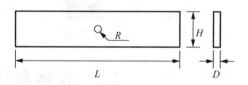

图 2-18 含孔平板的示意图

括两个方面,第一个方面就是孔洞会引起应力集中,并改变孔洞前方的应力状态,使含孔试样或机件中所受的应力由原来的单向应力状态变为两向或三向应力状态。这使得对于含孔的脆性材料,由于应力状态的改变和应力集中的出现,其抗拉强度相对于光滑试样较低;第二个重要的方面是对塑性材料来说的,同样由于三向应力和应力集中的存在,约束了材料内部的塑性变形,含孔的塑性材料的屈服应力比单向拉伸时要高,这就是"含孔强化"。也就是说含孔使塑性材料的强度升高,塑性降低。根据以上两个方面可以得出结论,孔洞能使材料产生脆变的倾向,为了评定其脆变倾向,就需要对含孔试样进行静拉伸实验。

缺口抗拉强度为在拉伸过程中，实验机测得的最大力 $F_{\max}$ 除以缺口处最小面积 $A_{\min}$，按照式(2-33)计算抗拉强度：

$$\sigma_b = \frac{F_{\max}}{A_{\min}} \tag{2-34}$$

断后伸长率的计算为

$$\delta = \frac{L_u - L_0}{L_0} \times 100\% \tag{2-35}$$

5. 实验内容

(1) 预处理：在拉伸开始前，首先测得试样缺口处的直径、长度、厚度和宽度。

(2) 拉伸实验：按照万能材料实验机的操作方法，首先把试样装夹好，然后在计算机上设定实验编号、加载速率、加载重量以及所测指标和试样标准等实验参数。最后，启动实验机，开始拉伸，直到试样断裂，实验机自动停止。

(3) 观察断口：对比两组试样的断口形貌，分析它们的断裂机制有何不同。

6. 实验结果及分析

(1) 实验结果如表 2-5 和表 2-6 所示。

表 2-5 几何尺寸

试样编号	长度 L/mm	宽度 H/mm	厚度 D/mm	孔直径 R/mm
1				
2				

表 2-6 力学数据

试样编号	抗拉强度 σ_b/MPa	断后伸长率 δ/%
1		
2		

(2) 根据实验结果绘制拉伸图（σ-ε）曲线及试样断口草图。

实验视频如下：

2-7 带孔金属板拉伸　　2-8 带孔金属带拉伸　　2-9 带孔高分子压缩

2.4 拉伸和压缩行为的有限元模拟

2.4.1 金属材料拉伸过程模拟

2-10 金属拉伸

1) 创建部件

(1) 启动 ABAQUS/CAE，选择模块列表 Module 下 Part 功能模块，在这个模块里可以定义模型各部分的几何形体。创建部件：选取左侧工具中的 Create Part 工具，或者单击工具区中的 ,

弹出对话框，依次选择 3D→Deformable→Solid→Revolution，其余参数保持不变，如图 2-19 所示。

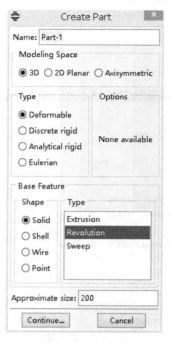

图 2-19 选择参数

（2）选择绘图工具箱中的画线工具，依次单击坐标(0,0)、(0,50)、(-10,50)、(-10,42.5)、(-5,40)、(-5,-40)、(-10,-42.5)、(-10,-50)、(0,-50)，完成拉伸试件基础草图的绘制。单击鼠标中键退出画线操作，绘制图形如图 2-20 所示。

（3）在绘图界面再次单击鼠标中键，弹出 Edit Revolution 参数设置框，输入旋转角 Angle 为 360，单击 OK 完成部件创建，如图 2-21 所示。生成的几何模型如图 2-22 所示。

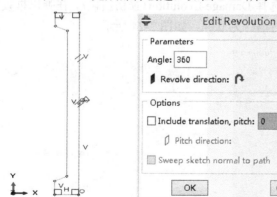
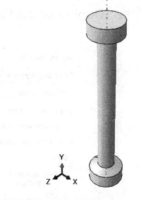

图 2-20 几何模型草图　　图 2-21 Edit Revolution 参数设置框　　图 2-22 经旋转生成的几何模型

2）设置材料和截面特征

采用 ABAQUS 中耦合损伤的 John-Cook 模型来模拟单轴拉伸下的颈缩断裂。

（1）创建材料属性，在窗口 Module 模块中选择 Property(特性)子模块。单击左侧 Create Material，弹出对话框。在对话框中选择 Mechanical(力学特性)→Damage for Ductile Metals(金属延性损伤)→Ductile Damage(塑性损伤)设置参数，在数据表中设置 Fracture Strain(断裂应变)

为 0.85,Stress Triaxiality(应力三维度)为 0,Strain Rate(应变率)为 0,如图 2-23 所示。

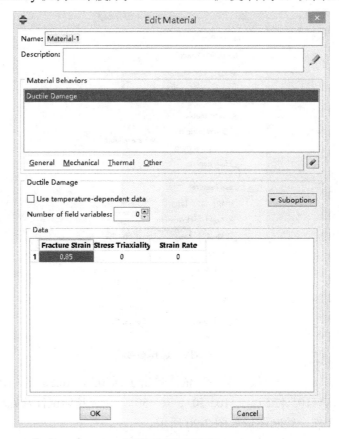

图 2-23 设置参数

(2)在 Suboption 5(子选项)下拉选项中选择 Damage Evolution(损伤演化),在弹出框设置相关参数,Displacement at Failure(失效起始位移)为 0.04,如图 2-24 所示。

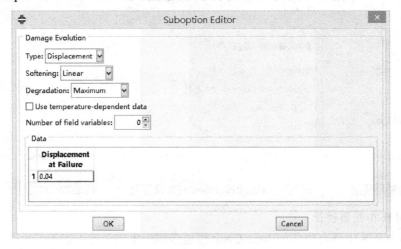

图 2-24 失效位移参数

(3)选择 General(通用)→Density(密度)设置参数为 7.85e-9(7.85×10^{-9}),如图 2-25 所示。

第 2 章 轴向拉伸和压缩

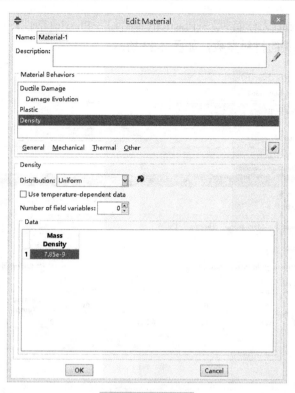

图 2-25 设置密度

(4) 选择 Mechanical(力学特性)→Elasticity(弹性)→Elastic(弹性),设置 Young's Modulus(杨氏模量)为 210000、Poisson's Ratio(泊松比)为 0.3,如图 2-26 所示。

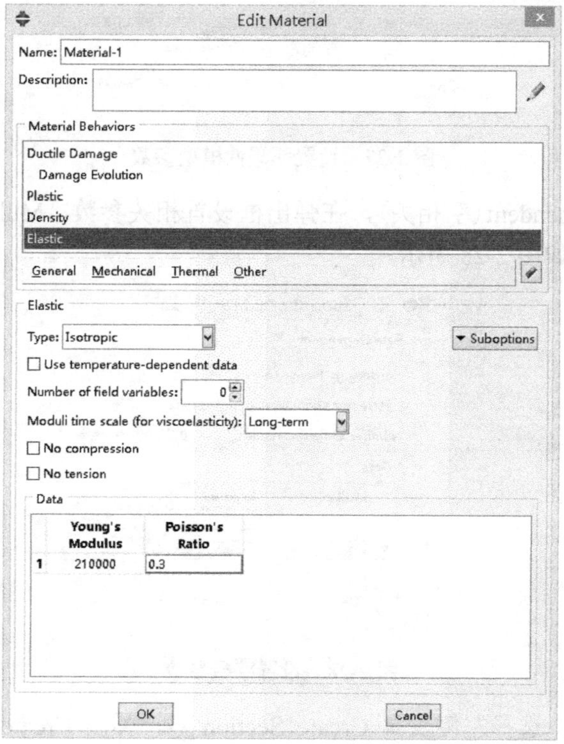

图 2-26 设置弹性参数

(5)选择 Mechanical(力学特性)→Plasticity(塑性)→Plastic(塑性)→Johnson-Cook(应变硬化模型),设置塑性相关的材料参数,如图 2-27 所示。

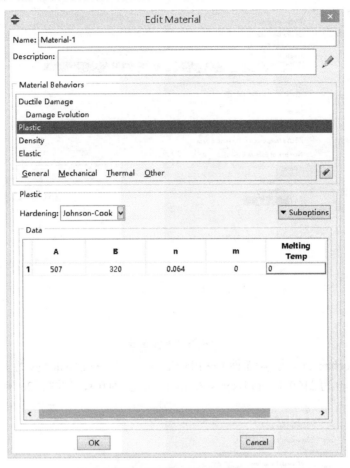

图 2-27　设置弹塑性模型参数

(6)选择 Rate Dependent(率相关),在弹出框设置相关参数,Multiplier(乘数)为 0.28,Exponent(指数)为 1,如图 2-28 所示。

图 2-28　设置率型参数

(7)创建截面属性,选择左侧工具 Create Section ，弹出 Create Section 对话框,单击 Continue,在弹出的 Edit Section 中保持默认参数不变,单击 OK,如图 2-29 和图 2-30 所示。

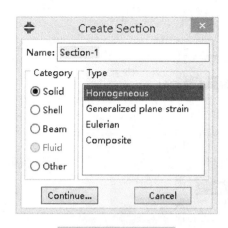
图 2-29 创建截面类型

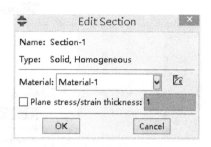
图 2-30 选择截面的材料属性

(8) 赋予部件截面属性，单击左侧工具中的 Assign Section ⬚L，单击视图区中的模型，单击鼠标中键，弹出对话框 Edit Section Assignment，单击 OK 赋予部件特性。效果如图 2-31 和图 2-32 所示。

图 2-31 赋予截面属性

图 2-32 赋予截面属性后的几何模型

3) 装配模型

整个分析模型是一个装配件，前面在 Part 功能模块中创建的各个部件将在 Assembly 功能模块中装配起来。选择 Module 模块中 Assembly（装配）子模块，单击左侧工具区中的 Instance Part ⬚，弹出 Create Instance 对话框，使用默认属性 Dependent (mesh on part)，单击 OK 完成装配，如图 2-33 所示。

4) 设置分析步

(1) 在 ABAQUS 中，系统会自动设置初始分析步 Initial Step，可以施加需要的初始边界条件。除此之外，需要自己创建满足需要的分析步。在 Module 模块中选择 Step 子模块。在左侧工具栏中选择 Create Step ⬚，弹出对话框，选择 Dynamic（动态），Explicit（显式）分析类型，单击 Continue，如图 2-34 所示。

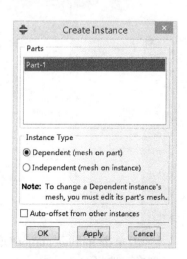
图 2-33 把实体加入装配件

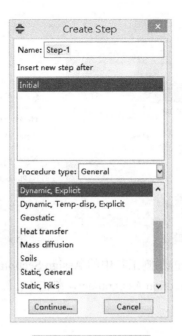

图 2-34　设置分析类型

(2) 在弹出框 Edit Step(编辑载荷步)中，设置 Basic 选项 Time period(模拟总时间)为 5，并打开 Nlgeom(非线性)开关如图 2-35 所示。

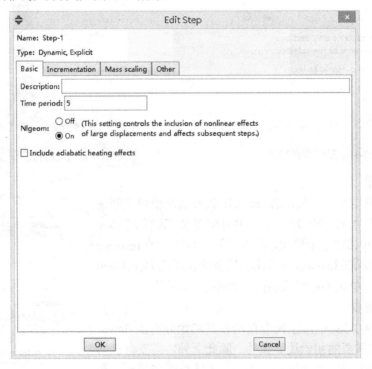

图 2-35　设置分析步

(3) 单击 Incrementation(增量步)设置项，参数为默认设置，单击 Mass scaling(质量缩放)设置项，选择 Use scaling definitions below，单击 Create，在弹出的 Edit Mass Scaling 对话框

中设置相关参数，Scale by factor(缩放因子)为 1e6(1×10^6)，如图 2-36 和图 2-37 所示。

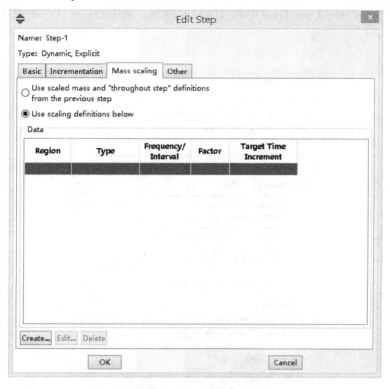

图 2-36　质量缩放因子设置

图 2-37　设置缩放因子编辑卡

(4) 单击左侧工具 Create Field Output 创建场输出变量 ![icon]，弹出对话框 Edit Field Output Request，选中 State/Field/User/Time 中的 STATUS 选项，单击 OK 确认，如图 2-38 所示。

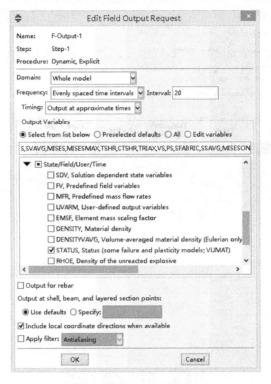

图 2-38　选择输出变量

5) 设置耦合

(1) 设置参考点，单击菜单栏中 Tools 选项，在下拉菜单中选择 Reference Point (参考点)。使用 RP 工具在视图区中选择拉头，创建参考点 RP-1 (选择为部件外部)，坐标为 (0, 55)，如图 2-39 所示。

(2) 在 Module 列表中选择 Interaction (相互作用) 子模块。单击左侧工具栏中 Create Constraint (创建约束) ![icon]，弹出对话框，选择 Coupling (耦合约束) 选项，如图 2-40 所示。

图 2-39　建立参考点

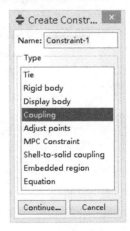

图 2-40　设置耦合约束

(3)单击 Continue,弹出提示 Select the constraint control point,单击 RP-1 点进行选择;下边显示提示 Select the constraint region type,单击 Surface 进行确认,选择与 RP-1 点耦合的端面,单击鼠标中键进行确认,在弹出的 Edit Constraint 对话框中保持默认选项,单击 OK 进行确认。最终耦合情况如图 2-41 和图 2-42 所示。

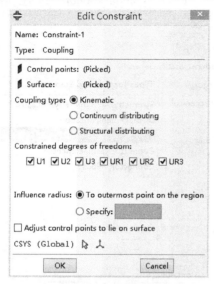

图 2-41 设置耦合参数

图 2-42 设置了约束的几何模型

6)定义边界条件和载荷

(1)在 Module 列表中选择 Load(载荷)模块,对模型施加边界条件和载荷。在左侧工具栏中选择 Create Boundary Condition,在 Types for Selected Step 中选择 Symmetry/Antisymmetry/Encastre 类型施加边界条件,如图 2-43 所示。

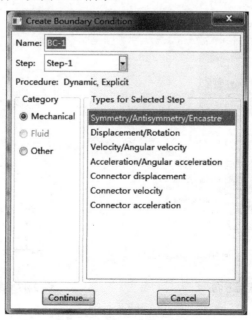

图 2-43 施加边界条件

(2) 选择约束的边界施加约束，图 2-44 所示。

(3) 单击左侧工具栏中 Create Boundary Condition，在 Types for Selected Step 中选择施加载荷类型为 Velocity/Angular velocity，单击 Continue，如图 2-45 所示。

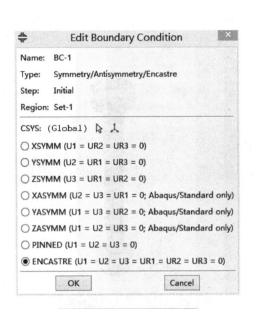

图 2-44 设置固定约束边界

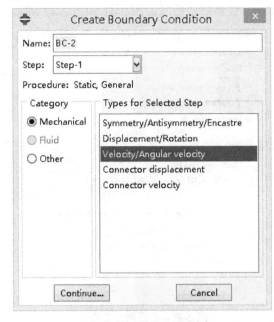

图 2-45 设置载荷类型

(4) 在弹出的对话框中设置拉头 Y 方向拉伸速度，如图 2-46 和图 2-47 所示。

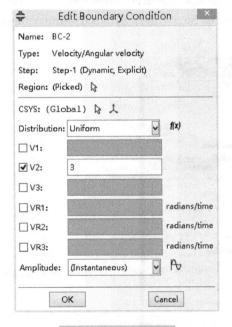

图 2-46 设置载荷方向

图 2-47 最终载荷情况

7) 网格划分

(1) 在 Module 列表中选择 Mesh（网格划分）模块，将顶部环境栏中 Object 设为 Part，即以部件为对象划分网格。为便于网络划分，在主菜单 Tools 工具中选择 Partition 工具，弹出 Create Partition 对话框，选择 Define cutting plane，对几何模型进行分割，将模型拉头与构件分割，如图 2-48 和图 2-49 所示。

图 2-48　分割部件选项卡　　　　　图 2-49　分割后的部件

提示：Define cutting plane 中选择 3 Points 时，定义切割平面进行几何模型部分。Enter parameter 对选中的边进行切割。

(2) 选中模型，单击左侧工具 Seed edges 弹出对话框，选择 By size，在 Sizing Controls 中设置尺寸大小为 2，相关参数如图 2-50 和图 2-51 所示。

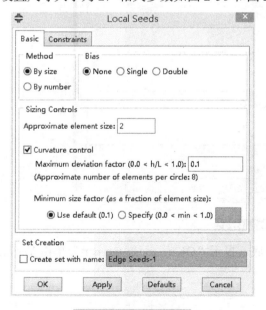

图 2-50　设置网格尺寸　　　　　图 2-51　设置种子点后的部件

(3) 在左侧工具中单击 Assign Mesh Controls ，弹出对话框，选择网格控制设置，上下斜面网格选择 Free（自由网格），部件的其他区域部分网格选择 Hex-dominated，Algorithm 选中 Medial axis，如图 2-52 和图 2-53 所示。

(4) 单击左侧 Assign Element Type ，弹出对话框 Element Type（单元类型），Element

Library 为 Explicit(显式)，在 Element Controls(单元控制)设置区选择 Relax stiffness(刚度松弛)，点开 Element deletion，最终设置的单元类型为 C3D8R，如图 2-54 所示。

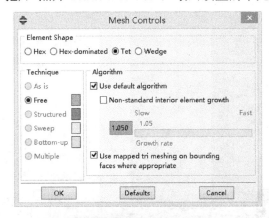

图 2-52　上下斜面网格类型　　　　　图 2-53　其余部分网格类型

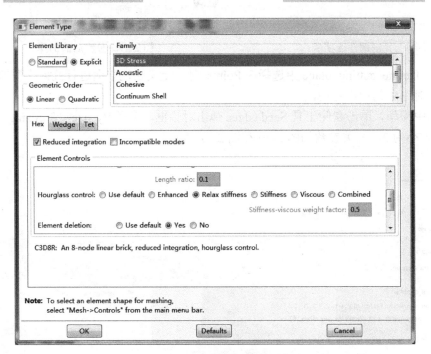

图 2-54　单元类型设置

(5)单击左侧工具栏中 Mesh Part ，窗口底部提示"OK to mesh the part"单击 Yes 完成网格划分。网格效果如图 2-55 所示。

图 2-55　网格效果

注意：划分网格时若划分不均匀，则单击主菜单 Seed 中 Edges，选中选定的边，单击鼠标中键，完成。

8）运行分析

（1）在 Module 列表中选择 Job 子功能模块，单击左侧工具栏选择 Create Job 弹出对话框设置新的求解，单击 Continue，如图 2-56 所示。

（2）在弹出的 Job Manager 对话框中，单击 Submit 提交作业，如图 2-57 所示。

图 2-56　创建 job

图 2-57　提交作业

（3）当对话框中 Status 依次变化为 Submitted→Running→Completed 时表示求解结束。

9）查看结果

（1）单击 Results 进入 Visualization（后处理）模块，单击后处理模块左侧工具 Plot Contours on Deformed Shape 显示应力云图，云图如图 2-58 所示。

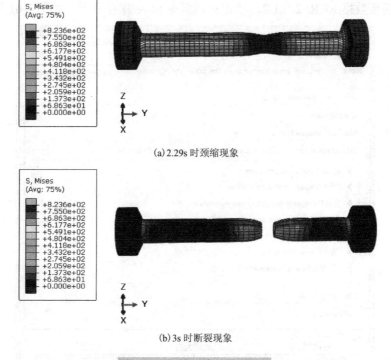

(a) 2.29s 时颈缩现象

(b) 3s 时断裂现象

图 2-58　拉伸颈缩和断裂过程

(2) 用 X-Y 曲线来显示位移随时间的变化：单击左侧工具 Create XY Data ，在弹出对话框中选择 ODB field output，单击 Continue，如图 2-59 所示。

(3) 在弹出的对话框 XY Data from ODB Filed Output 中 Elements/Nodes 选项中选择 Node sets，再选择 RP-1 点，如图 2-60 所示。

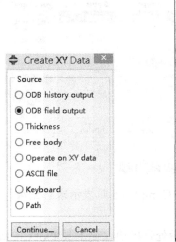

图 2-59　选择调取

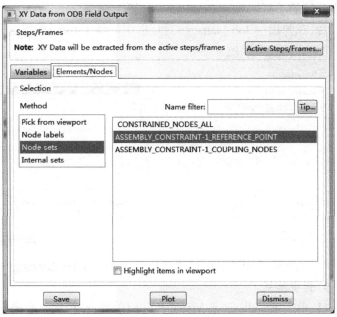

图 2-60　选择参考点

(4) 选择需要数据 RF.RF2,U.U2，单击对话框中 Save 保存数据，如图 2-61 所示。

图 2-61　选择调取类型

(5) 重新单击左侧工具 Create XY Data，在弹出对话框中选择 Operate on XY data 单击 Continue，如图 2-62 所示。

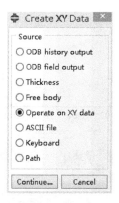

图 2-62　创建 XY 曲线

(6) 在弹出的对话框中选择 combine(X,X) 调入保存的数据 (U2,RF2)，并将其转化为应力应变，单击 Save As 保存为 XYData-2，如图 2-63 所示。

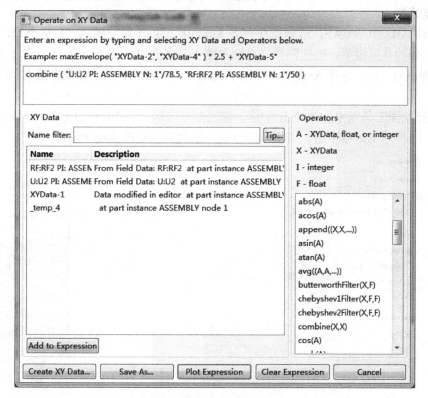

图 2-63　combine(X,X) 数据

(7) 进入 XY Data Manager，将 X 坐标轴名称换为 Strain，Y 坐标轴名称换为 Stress，单击对话框中 Plot 显示应力-应变曲线图，如图 2-64 所示。

由应力云图，可以明显观察到构件在中间先发生"颈缩"随后产生断裂。在弹性范围内应力应变呈线性关系；达到屈服点后，随着应变的增加，应力增加明显小于弹性阶段；接着构件进入塑性变形阶段，随着时间推移发生"颈缩"，然后随着时间延长试件断裂。

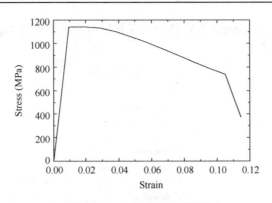

图 2-64 单轴拉伸应力-应变曲线

2.4.2 金属材料压缩过程模拟

1. 有限元分析

2-11 金属材料压缩

1)创建试样

(1)启动 ABAQUS/CAE,选择模块列表 Module 下 Part 功能模块,在这个模块里可以定义模型各部分的几何模型。创建部件:选取左侧工具中的 Create Part 工具,或者单击工具区中的 ,弹出对话框,选择 Axisymmetric→Deformable→Shell,其余参数保持不变,如图 2-65 所示。

(2)选择绘图工具箱中的画线工具 ,依次单击坐标为(0,30)和(10,0),完成压缩试件草图的绘制。连续单击鼠标中键,退出草图绘制。绘制图形如图 2-66 所示。

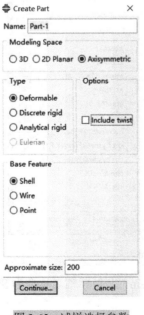

图 2-65 试样选择参数

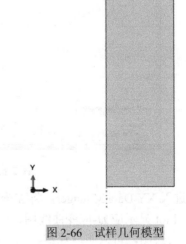

图 2-66 试样几何模型

2)创建压头

单击 ,弹出对话框,选择 Axisymmetric→Analytical rigid,其余参数保持不变,如

图 2-67 所示。选择绘图工具箱中的画线工具，绘制一条顶点为(0,35)和(30,35)的直线，来代表压头的底面。连续单击鼠标中键，退出画线操作。在主菜单中选择 Tools→Reference Point，单击压头的中点。生成的几何模型如图 2-68 所示。

图 2-67 压头选择参数

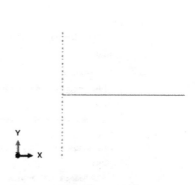

图 2-68 压头几何模型

3) 创建材料属性

(1) 在窗口 Module 模块中选择 Property (特性) 子模块。单击左侧 Create Material，弹出对话框。选择 Mechanical→Plasticity→Plastic，将真实应力和塑性应变输入数据表中，如图 2-69 所示。

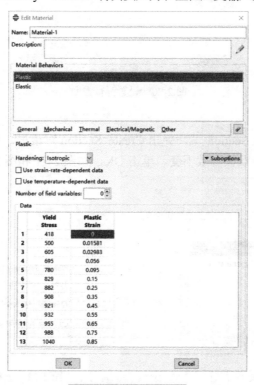

图 2-69 设置塑性参数

(2)选择 Mechanical→Elasticity→Elastic 设置 Young's Modulus(杨氏模量)为 210000 和 Poisson's Ratio(泊松比)为 0.3，如图 2-70 所示。

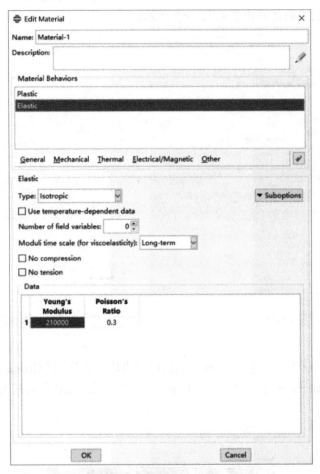

图 2-70 设置弹性参数

4)创建截面属性

选择左侧工具 Create Section，弹出 Create Section 对话框，单击 Continue，在弹出的 Edit Section 对话框中保持默认参数不变，单击 OK，如图 2-71 和图 2-72 所示。

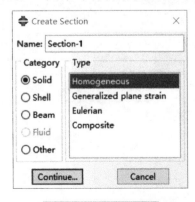

图 2-71 创建截面类型

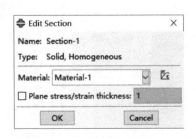

图 2-72 选择截面的材料属性

5) 赋予部件截面属性

单击左侧工具中的 Assign Section ，单击视图区中的模型，单击鼠标中键，弹出对话框 Edit Section Assignment，单击 OK 赋予部件特性。效果如图 2-73 和图 2-74 所示。

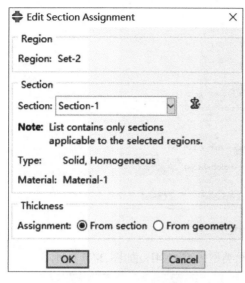
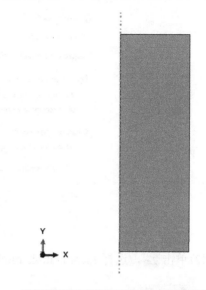

图 2-73　赋予截面属性　　　　　　图 2-74　赋予截面属性后的几何模型

6) 装配模型

整个分析模型是一个装配件，前面在 Part 功能模块中创建的各个部件将在 Assembly 功能模块中装配起来。选择 Module 模块中 Assembly(装配)子模块，单击左侧工具区中的 Instance Part，弹出 Create Instance 对话框，使用默认属性 Dependent(mesh on part)，选中全部部件，单击 OK，完成装配，如图 2-75 所示。

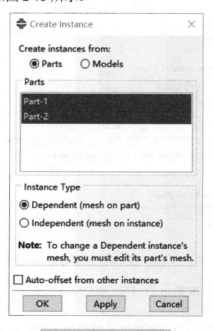

图 2-75　装配试样和压头

7) 划分网格

(1) 进入 Mesh 功能模块,顶部 Object 选项设为 Part:Part-1。单击 ![icon],把 Approximate global size 设为 1.5,如图 2-76 所示。

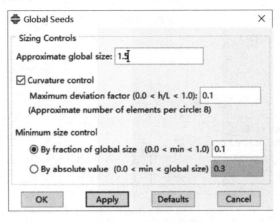

图 2-76 网格大小设置

(2) 单击 ![icon],选择 Incompatible modes,单元类型为 CAX4I,如图 2-77 所示。

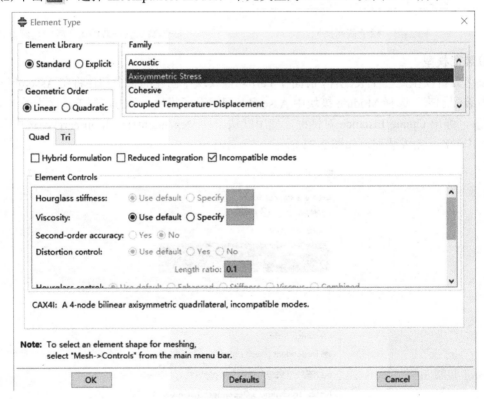

图 2-77 单元类型设置

(3) 单击 ![icon],得到如图 2-78 所示的网格。

8) 设置分析步

(1) 在 ABAQUS 中,系统会自动设置初始分析步 Initial Step,可以施加需要的初始边界条件。除此之外,需要自己创建满足需要的分析步。在 Module 模块中选择 Step 子模块。在左侧工具栏中选择 Create Step ⊷▪，弹出对话框，选择 Static，General 分析类型，单击 Continue，如图 2-79 所示。

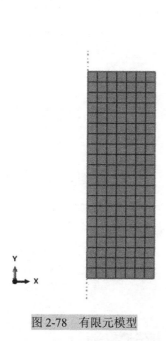

图 2-78 有限元模型

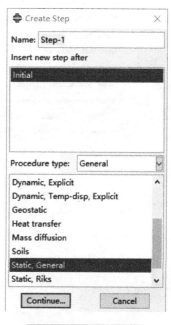

图 2-79 设置分析类型

（2）在弹出框 Edit Step 中，Nlgeom 选项设为 On，如图 2-80 所示。

（3）再次选择 Create Step ⊷▪，弹出对话框，选择 Static，General 分析类型，如图 2-81 所示。

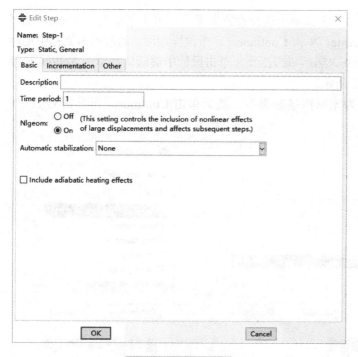

图 2-80 设置分析步

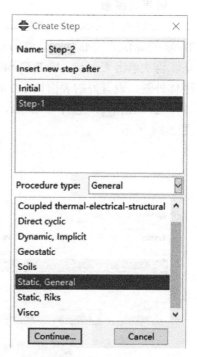

图 2-81 设置分析类型

(4)在弹出的 Edit Step 对话框中，单击 Incrementation 标签，设置 Initial 和 Maximum 都为 0.06667，然后单击 OK，如图 2-82 所示。

图 2-82　设置分析步

9) 定义接触

(1)进入 Interaction 功能模块，在主菜单中选择设置参考点，单击菜单栏中 Tools，选择 Tools→Surface→Manager，单击 Create，单击 Continue。单击试样顶面，然后单击鼠标中键确认。再次单击 Create，单击 Continue。然后单击压头，单击鼠标中键确认，单击 Yellow 选择刚体外侧。设置好的表面如图 2-83 所示。

(2)单击 ，选择 Contact，为无摩擦接触类型，然后单击 Continue，再单击 OK，如图 2-84 所示。

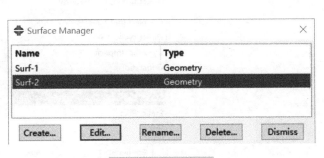

图 2-83　接触面设置

图 2-84　接触属性设置

(3)在主菜单中选择 Interaction→Manager，单击 Create，设置 Step 为 Initial，然后单击

Continue，如图 2-85 所示。选择 Surf-1 为主面，Surf-2 为从面，Sliding formulation 设置为 Finite sliding，单击 OK，如图 2-86 所示。

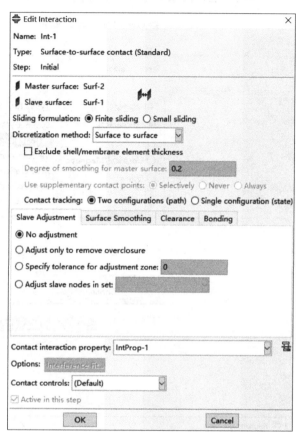

图 2-85　接触设置　　　　　　　　图 2-86　接触选项

10）定义边界条件

（1）设置约束处集合，进入 Load 模块，在主菜单中选择 Tools→Set→Manager，单击 Create，然后单击 Continue，选择试样底部，单击鼠标中键确定，如图 2-87 所示。同样的方法定义试样对称轴边为 Set-2，压头的参考点为 Set-3，如图 2-88 所示。

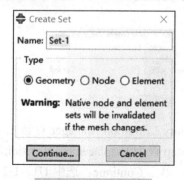

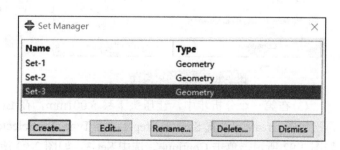

图 2-87　定义约束集合　　　　　　　图 2-88　定义的三组约束集合

（2）约束试样底边的轴向位移 U2，在主菜单中选择 BC→Manager，单击 Create，Step 设为 Initial，Types for Selected Step 设为 Displacement/Rotation，单击 Continue，如图 2-89 所示。

选中 Set-1，单击 Continue，如图 2-90 所示，选择轴向位移 U2，然后单击 OK，如图 2-91 所示。同样的方法，约束对称轴上的径向位移 U1。

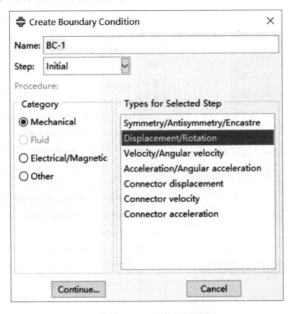

图 2-89　设置试样底部约束

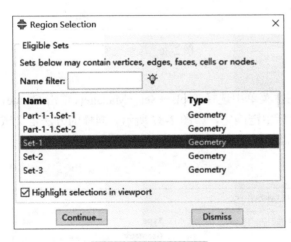

图 2-90　选择约束集合

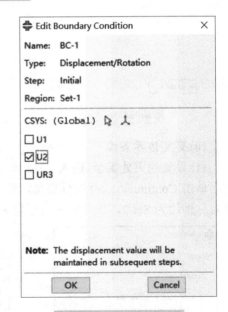

图 2-91　选择约束自由度

(3) 在第一个分析步中，让压头下移 5.001mm，在 Boundary Condition Manager 对话框中再次单击 Create，设置 Step 为 Step-1，将 Types for Selected Step 设为 Displacement/Rotation，如图 2-92 所示，单击 Continue。选中 Set-3，如图 2-93 所示，单击 Continue。选中 U1、U2、和 UR3，设置 U2 为 -5.001，如图 2-94 所示，然后单击 OK。在第二个分析步中，让压头下移 20mm，选中 BC-3 在第二个分析步下的 Propagated，然后单击 Edit，修改 U2 为 -20，如图 2-95 所示。最终的边界条件如图 2-96 所示。

图 2-92 设置约束类型   图 2-93 选择约束集合

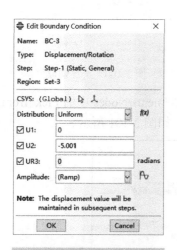
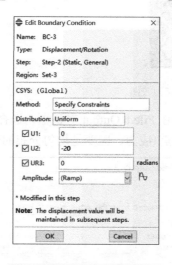
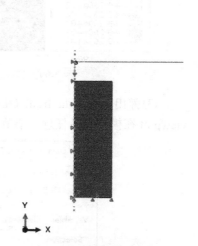

图 2-94 设置第一步位移加载   图 2-95 设置第二步位移加载   图 2-96 模型约束图

11) 运行分析

(1) 在 Module 列表中选择 Job 子功能模块,单击左侧工具栏选择 Create Job弹出对话框设置新的求解,单击 Continue,如图 2-97 所示。

(2) 在弹出的 Job Manager 对话框中,单击 Submit 提交任务,如图 2-98 所示。

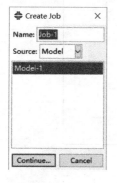
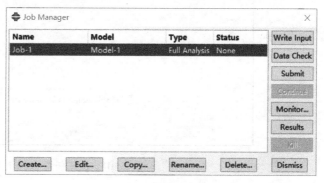

图 2-97 创建 Job   图 2-98 提交任务

(3)当对话框中 Status 依次变化为 Submitted→Running→Completed 时表示求解结束。

12) 查看结果

(1)单击 Results 进入 Visualization(后处理)模块，依次单击主菜单 Result→Field Output，选择输出变量为 S,Mises，如图 2-99 所示。

(2)采用 X-Y 曲线来显示压缩过程中的应力-应变关系：单击左侧工具 Create XY Data，在弹出对话框中选择 ODB field output，单击 Continue，如图 2-100 所示。

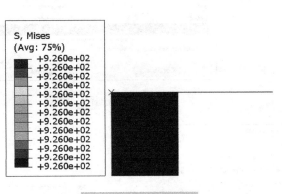

图 2-99　等效应力云图　　　　　图 2-100　选择调取

(3)弹出 XY Data from ODB Filed Output 对话框，选择 Elements/Nodes 中的 Pick from viewport 在模型选择任意一个节点(应力、应变是均匀分布的)，如图 2-101 所示。

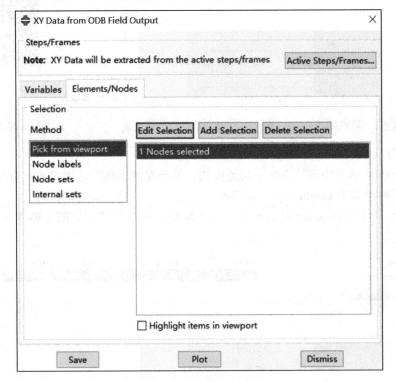

图 2-101　选择任意一个节点

(4)选择需要数据 E.E22,S.S22(即压缩方向的应力、应变)，单击对话框中的 Save 保存数据，如图 2-102 所示。

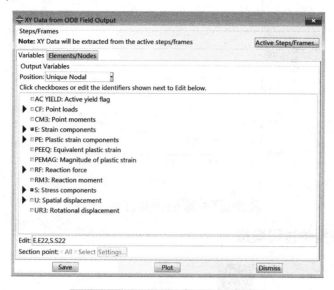

图 2-102 选择加载方向的应力和应变

(5) 重新单击左侧工具 Create XY Data，在弹出对话框中选择 Operate on XY data，单击 Continue，如图 2-103 所示。

(6) 在弹出框中选择 combine(X,X) 调入保存数据，单击 Save as 保存为 XYData-2，如图 2-104 所示。

(7) 进入 XY Data Manager，将 X 坐标轴名称换为 Strain，Y 坐标轴名称换为 Stress，单击对话框中的 Plot 显示应力-应变曲线，如图 2-105 所示。其中，应力、应变均为负值表明是压缩方向的变形。

由模拟结果可以看出，在单轴压缩时，进入屈服阶段以后，试样越压越扁，横截面面积不断增大，试样抗压能力也继续增高。

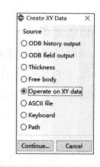

图 2-103 创建 XY 曲线

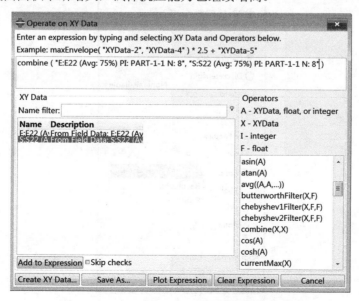

图 2-104 通过 combine(X,X) 绘制应力-应变曲线

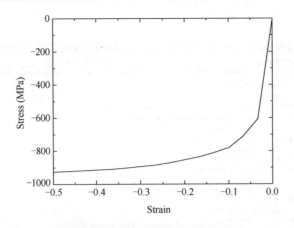

图 2-105　压缩方向的应力-应变曲线

2.4.3　含孔平板拉伸过程模拟

有限元分析如下。

2-12　金属材料含孔平板拉伸

1) 创建部件

启动 ABAQUS/CAE，选择模块列表 Module 下 Part 功能模块，在这个模块里可以定义模型各部分的几何形体。创建部件：选取左侧工具中的 Create Part 工具，或者单击工具区中的■，弹出对话框，依次选择 3D→Deformable→Solid→Extrusion，其余参数保持不变，如图 2-106 所示。

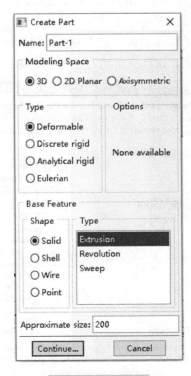

图 2-106　选择参数

2)绘制模型

(1)选择绘图工具箱中的画线工具 ✎,依次输入坐标为(0,0)、(20,0)、(20,100)、(0,100)的点,完成拉伸试件基础草图的绘制。单击鼠标中键,退出画线操作,弹出 Edit Base Extrusion 参数设置框,输入深度 Depth 为 2,单击 OK 完成部件创建,如图 2-107 所示。生成的几何模型如图 2-108 所示。

图 2-107　Edit Revolution 参数设置框

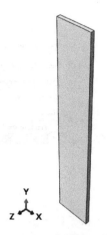
图 2-108　经拉伸得到的几何模型

(2)选择绘图工具箱中的画线工具 ✎,选择薄板平面,再选择一条边,单击确认,进入草图;然后选择画圆工具 ⊙,选择薄板中心位置,输入圆的半径,单击确定,弹出 Edit Cut Extrusion 对话框,单击 OK 完成部件创建,如图 2-109 所示。生成的几何模型如图 2-110 所示。

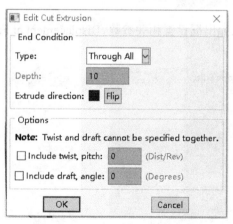
图 2-109　Edit Cut Extrusion 设置框

图 2-110　生成的几何模型

3)创建材料属性

(1)采用 ABAQUS 中耦合损伤的 John-Cook 模型来模拟缺口板拉伸下的断裂。在窗口 Module 模块中选择 Property(特性)子模块。单击左侧 Create Material ⬚,弹出对话框。在对话框中选择 Mechanical(力学特性)→Damage for Ductile Metals(金属延性损伤)→Ductile Damage(塑性损伤)设置参数,在数据表中设置 Fracture Strain(断裂应变)为 0.85,Stress Triaxiality(应力三轴度)为 0,Strain Rate(变形速率)为 0,如图 2-111 所示。

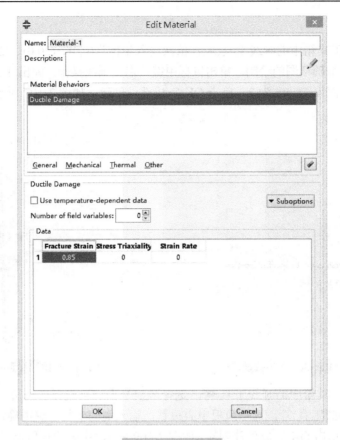

图 2-111 设置参数

(2) 选择 Damage Evolution（损伤演化），在弹出框设置相关参数，Displacement at Failure（失效位移）为 0.04，如图 2-112 所示。

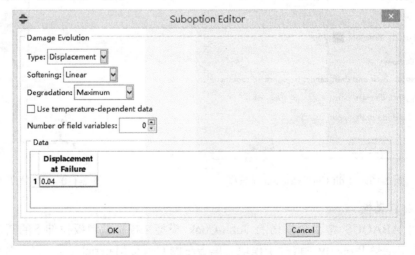

图 2-112 失效位移参数

(3) 选择 General（通用）→Density（密度）设置参数为 7.85e-9（$7.85×10^{-9}$），如图 2-113 所示。

(4) 选择 Mechanical（力学特性）→ Elasticity（弹性）→ Elastic（弹性）设置 Young's Modulus（杨氏模量）为 210000 和 Poisson's Ratio（泊松比）为 0.3，如图 2-114 所示。

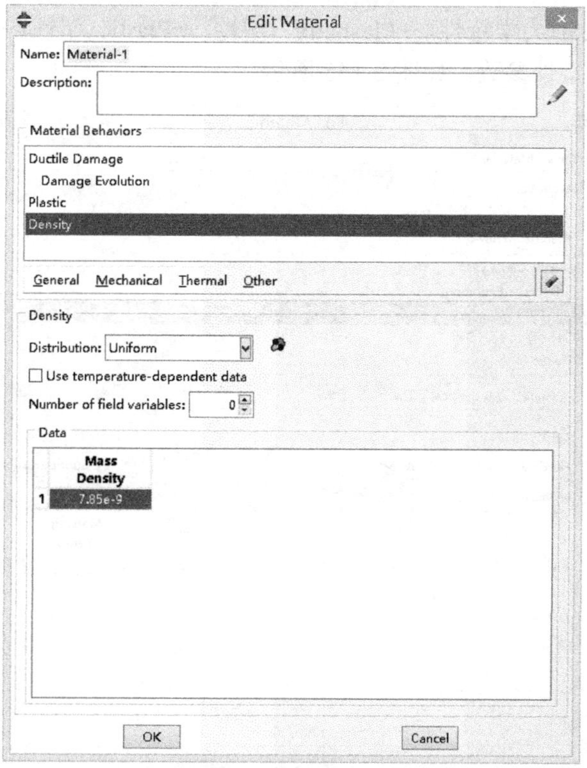

图 2-113 设置密度

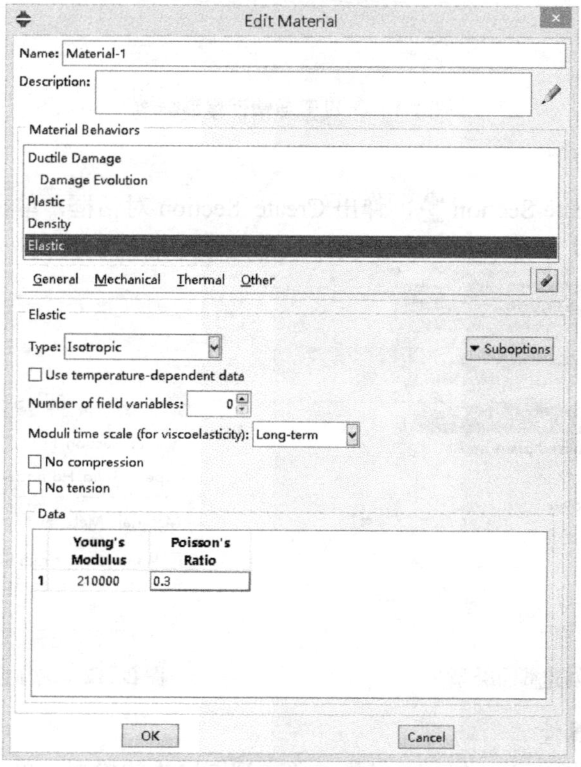

图 2-114 设置弹性参数

(5)选择 Mechanical(力学特性)→Plasticity（塑性）→Plastic(塑性)→Johnson→Cook(弹塑性模型)设置材料相关塑性参数，如图2-145所示。

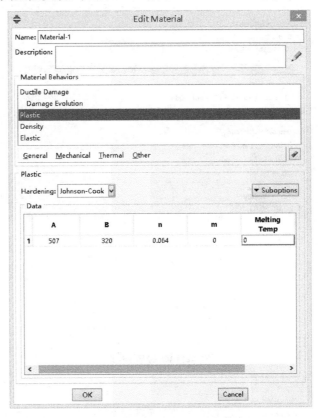

图2-145　设置弹塑性模型参数

4) 创建截面属性

选择左侧工具 Create-Section，弹出 Create Section 对话框，单击 Continue，在弹出的 Edit Section 中保持默认参数不变，单击 OK，如图 2-116 和图 2-117 所示。

图2-116　创建截面类型

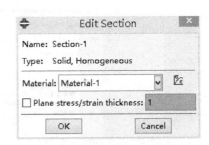

图2-117　选择截面的材料属性

5) 赋予部件截面属性

单击左侧工具中的 Assign Section，单击视图区中的模型，单击鼠标中键，弹出 Edit Section Assignment 对话框，单击 OK 赋予部件特性。效果如图 2-118 和图 2-119 所示。

图 2-118 赋予截面属性　　　　图 2-119 赋予截面属性后的几何模型

6）装配模型

整个分析模型是一个装配件，前面在 Part 功能模块中创建的各个部件将在 Assembly 功能模块中装配起来。选择 Module 模块中的 Assembly（装配）子模块，单击左侧工具区中的 Instance Part，弹出 Create Instance 对话框，使用默认属性 Dependent（mesh on part），单击 OK，完成装配，如图 2-120 所示。

7）设置分析步

（1）在 ABAQUS 中，系统会自动设置初始分析步 Initial Step，可以施加需要的初始边界条件。除此之外，需要自己创建满足要求的分析步。在 Module 模块中选择 Step 子模块。在左侧工具栏中选择 Create Step，弹出对话框，选择 Dynamic（动态），Explicit（显示）分析类型，单击 Continue，如图 2-121 所示。

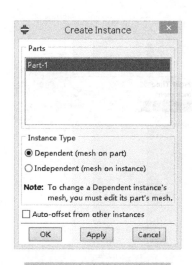
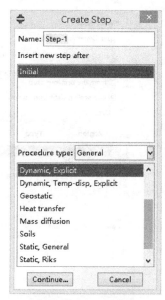

图 2-120 把实体加入装配件　　　　图 2-121 设置分析类型

（2）在弹出的 Edit Step 对话框中，设置 Basic 选项 Time period 为 5，如图 2-122 所示。

（3）单击 Incrementation 设置项，参数为默认设置，单击 Mass scaling 设置项，选择 Use scaling definition below，单击 Create，在弹出的 Edit Mass Scaling 对话框中设置相关参数，Scale by factor 为 1e6（1×10^6），如图 2-123 和图 2-124 所示。

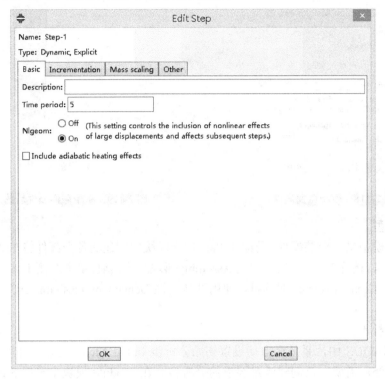

图 2-122　设置分析步

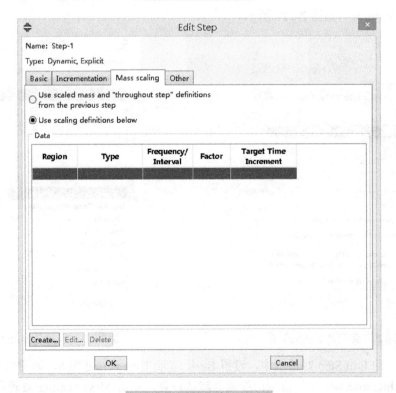

图 2-123　质量缩放因子设置

(4)单击左侧工具 Create Field Output，弹出 Edit Field Output Request 对话框，将在 State/Field/User/Time 选项中选中 STATUS，单击 OK，如图 2-125 所示。

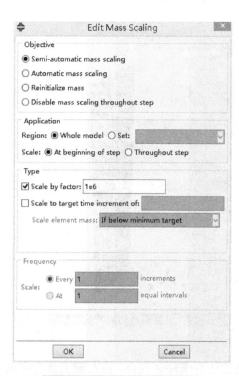

图 2-124　设置缩放因子编辑卡　　　　　图 2-125　选择输出变量

8）设置耦合

(1)设置参考点，单击菜单栏中 Tools 选项，在下拉菜单中选择 Reference Point。使用 RP（参考点）工具在视图区中选择拉头，创建参考点 RP-1（选择为部件外部），坐标为(10,105,1)，如图 2-126 所示。

(2)在 Module 列表中选择 Interaction 子模块。单击左侧工具栏中 Create Constraint，弹出对话框选择 Coupling（耦合约束）选项，如图 2-127 所示。

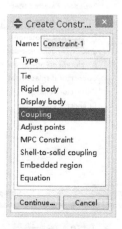

图 2-126　建立参考点　　　　　　　　图 2-127　设置耦合约束

(3) 单击 Continue，下边弹出提示 Select the constraint control point，单击 RP-1 点进行选择；下边显示提示 Select the constraint region type，单击 Surface 进行确认，选择 RP-1 点所在面，单击鼠标中键确认，在弹出的 Edit Constraint 对话框中选择默认选项，单击 OK 确认。最终耦合情况如图 2-128 和图 2-129 所示。

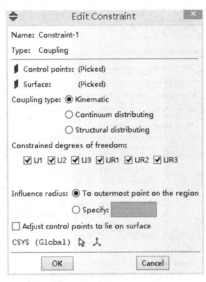
图 2-128　设置耦合参数

图 2-129　设置耦合约束的几何模型

9) 定义边界条件和载荷

(1) 在 Module 列表中选择 Load 模块，对模型施加边界条件和载荷。在左侧工具栏中选择 Create Boundary Condition，在 Types for Selected Step 中选择 Symmetry/Antisymmetry/Encastre 类型施加边界条件，如图 2-130 所示。

(2) 选择约束的边界施加约束，图 2-131 所示。

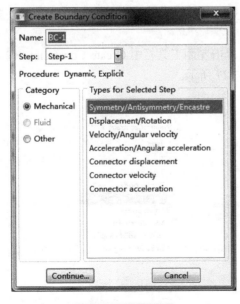
图 2-130　施加边界

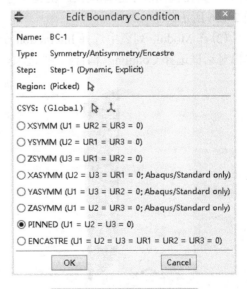
图 2-131　设置固定约束边界

(3) 单击左侧工具栏中 Create Boundary Condition，在 Types for Selected Step 中选择施加载荷类型为 Velocity/Angular velocity，单击 Continue，如图 2-132 所示。

(4) 在弹出的对话框中设置拉头 Y 方向拉伸速度，如图 2-133 和图 2-134 所示。

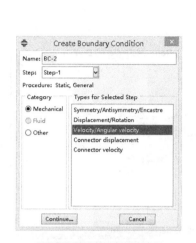

图 2-132　设置载荷类型　　　图 2-133　设置载荷方向　　　图 2-134　最终载荷情况

10) 网格划分

(1) 在 Module 列表中选择 Mesh 模块，将顶部环境栏中 Object 设为 Part，以部件为单位划分网格。先在模型上建立两个坐标点，选择工具，输入坐标点(0,40,0)和(0,60,0)，然后长按工具弹出工具框选择工具，然后将建立的点分别投影到两个边上，如图 2-135 所示。

(2) 在主菜单 Tools 工具中选择 Partition 工具，随后弹出 Create Partition 对话框，在 Type 选项中选择 Cell，在 Method 选项中选择 Define cutting plane，将薄板圆孔附近进行切割，如图 2-136 和图 2-137 所示。

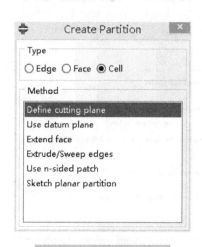

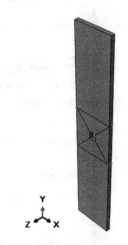

图 2-135　点的投影　　　图 2-136　分割部件选项卡　　　图 2-137　分割后的部件

提示：Define cutting plane 中选择 3 Points 时，当 3 点不同面时，可用 Type 中 Edge 的 Enter parameter 对选中的边进行切割。

(3) 选中模型，单击左侧工具 Seed edges，弹出 Local Seeds 对话框，选择圆的四个边，然后确定，选择 By number，Number of elements 设置为 20，相关参数如图 2-138 所示。

(4) 同样的方法选择斜着的四条边，选择 By number，Number of elements 设置为 20，在 Bias 中选择 Single，相关参数如图 2-139 所示。

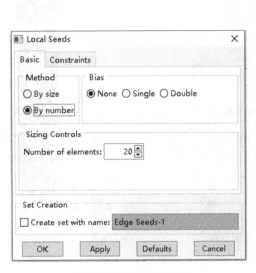

图 2-138　设置网格尺寸　　　　　　图 2-139　设置网格尺寸

(5) 单击左侧 Assign Element Type，弹出 Element Type（单元类型）对话框，Element Library 为 Explicit（显式），选择 Relax stiffness，打开 Element deletion，如图 2-140 所示。

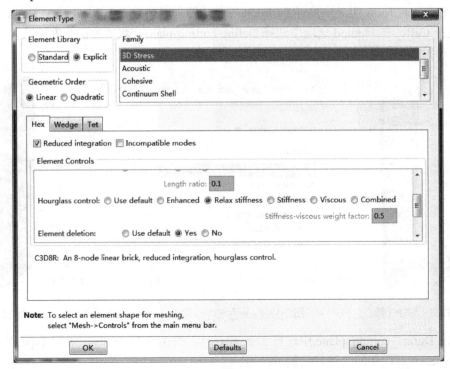

图 2-140　删除失效单元

(6)单击左侧工具栏中 Mesh Part ![icon]，窗口底部提示 Ok to mesh the part，单击 Yes 完成网格划分。网格效果如图 2-141 所示。

注意：划分网格时若划分不均匀，则单击主菜单 Seed 中 Edges，选中选定的边，单击鼠标中键，完成。

11）运行分析

(1)在 Module 列表中选择 Job 子功能模块，单击左侧工具栏选择 Create Job ![icon] 弹出对话框设置新的求解，单击 Continue，如图 2-142 所示。

图 2-141 网格效果

图 2-142 创建 Job

(2)在弹出的 Job Manager 对话框中，单击 Submit 提交作业，如图 2-143 所示。

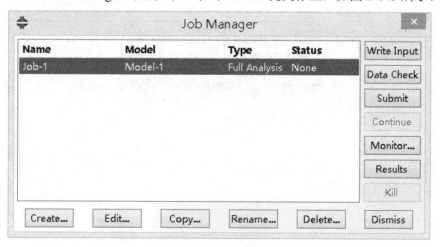

图 2-143 提交作业

(3)当对话框中 Status 依次变化为 Submitted→Running→Completed 时表示求解结束。

12）查看结果

单击 Results 进入 Visualization（后处理）模块，单击后处理模块左侧工具 Plot Contours on Deformed Shape ![icon] 显示应力云图，云图如图 2-144 所示。

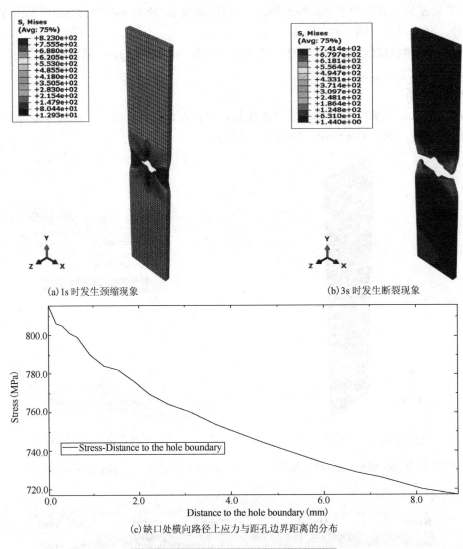

(a) 1s 时发生颈缩现象　　(b) 3s 时发生断裂现象

(c) 缺口处横向路径上应力与距孔边界距离的分布

图 2-144　含孔平板拉伸颈缩和断裂过程

第3章 扭 转

3.1 扭转变形概述

工程中单纯发生扭转的杆件不多,但以扭转为主要变形方式的则不少,如机器中的传动轴、钻机中的钻杆等,如图 3-1 所示。

杆件发生扭转变形时的受力特征是:杆受作用面垂直于杆件轴线的外力偶系作用;其变形特征为:杆的相邻横截面将绕轴线发生相对转动,杆表面的纵向线将变成螺旋线,如图 3-2 所示。

图 3-1 机器中的传动轴

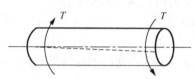

图 3-2 扭转变形特征

当发生扭转的杆是等直圆杆时,由于杆的物理性质和横截面几何形状的对称性,就可以用材料力学的方法求解。本章所研究的对象主要是薄壁圆筒和等直圆杆。

3.2 薄壁圆筒的扭转实验

1. 实验目的

(1)验证剪切胡克定律,测定剪切模量 G。
(2)测定扭转时的强度指标:抗扭强度 τ_m。
(3)掌握扭转的破坏形式。

2. 实验仪器

(1)万能实验机。
(2)游标卡尺。
(3)扭转计。

3. 实验试样

按照国家标准《金属材料 室温扭转试验方法》(GB 10128—2007)规定,管形试样的平均长度应为标距加上两倍外直径。试样应平直,试样两端应间隙配合塞头,塞头不应伸进其平行长度内,塞头的形状和尺寸如图 3-3 所示。

4. 实验原理

由于薄壁圆筒扭转时截面上的应力只能是切应力,并且横截面上任一点的切应力值 τ 均相等,

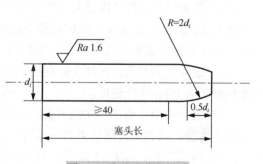

图 3-3 塞头形状和尺寸

其方向与圆周相切。于是，由横截面上内力与应力间的静力学等效关系可得

$$\int_A \tau \mathrm{d}A r = T \tag{3-1}$$

由于 τ 为常量，且对于薄壁圆筒，r 可用其平均半径 r_0 代替，而积分 $\int_A \mathrm{d}A = A = 2\pi r_0 \delta$ 为圆筒横截面面积，将其代入式(3-1)，并引入 $A_0 = \pi r_0^2$，可得

$$\tau = \frac{T}{2 A_0 \delta} \tag{3-2}$$

通过几何关系，可得薄壁圆筒表面上切应变 γ 和相距为 l 两端面间的相对扭转角 φ 之间的关系为

$$\gamma = \frac{\varphi r}{l} \tag{3-3}$$

式中，r 为薄壁圆筒的外半径。

通过薄壁圆筒的扭转实验可以发现，当外力偶矩在某一范围内时，相对扭转角 φ 与外力偶矩 M_e（在数值上等于扭矩 T）之间成正比，如图 3-4(a)所示。利用式(3-2)和式(3-3)，可得切应力 τ 与 γ 切应变间的线性关系[图 3-4(b)]为

$$\tau = G\gamma \tag{3-4}$$

即剪切胡克定律。其中 G 为剪切模量，是表征材料力学性能的一重要参数，可通过实验测得。

图 3-4　力与变形的关系

5. 实验步骤

(1)试样准备：在试样标距段的两端及中间截面处，沿两相互垂直方向测量外径和内径各一次，并计算外径和内径的算术平均值，记录于表 3-1。选用三个截面中平均直径的最小值计算截面的扭转截面系数。

(2)实验机准备：估计载荷，确定载荷在实验机量程范围之内；打开实验机开关，打开计算机主机及显示屏；打开控制主程序，联机。

(3)装夹试样：将试样轻夹于两夹头上，使试样的纵轴线与实验机夹头的轴线重合；松开被动夹头，拧紧主动夹头。在控制程序的实验界面中选"扭矩清零"；拧紧两夹头，将试样夹好，并用粉笔在试样轴线方向画一条细线，以观察扭转变形。

(4)录入实验参数：选择实验曲线(扭转-扭角曲线)、实验方向(逆时针加载保证曲线显示于坐标平面上)、实验速度。

(5)进行实验：单击"实验开始"，开启实验机，实验机会在实验力达到断裂百分比后自动停止实验，并自动计算结果将计算得到的结果记录于表 3-2。

(6)结束工作：实验结束后，取出试样。退出实验主程序，关闭计算机。断开实验机电源。

6. 实验数据
(1) 原始数据

表 3-1　几何尺寸

材料试样	原始直径/mm					
	截面（Ⅰ）		截面（Ⅱ）		截面（Ⅲ）	
	内径	外径	内径	外径	内径	外径

(2) 测量数据

表 3-2　力学性能数据

材料试样	最大扭矩 T_m/(N·m)	抗扭强度 τ_m/MPa	剪切模量 G/MPa	相对扭转 φ/(°)	切应变 γ/%

(3) 扭转过程实验现象

对于低碳钢，在扭转过程中为屈服失效，最大剪应力与试件端面平行，断口的破坏形状为平面。铸铁为脆性材料，根据最大拉应力理论，失效时的破坏形状为 45°螺旋曲面。

3.3　等直圆杆的扭转实验

1. 实验目的
(1) 验证剪切胡克定律，测定低碳钢的剪切模量 G。
(2) 测定低碳钢的剪切屈服极限、剪切抗拉强度和铸铁的剪切抗拉强度。
(3) 观察低碳钢和铸铁在扭转过程中的变形和破坏情况。

2. 实验仪器
(1) 扭转实验机。
(2) 游标卡尺。
(3) 扭角仪。

3. 实验试样
按照国家标准《金属材料　室温扭转试验方法》（GB 10128—2007）规定，圆柱形试样的形状和尺寸如图 3-5 所示。试样头部形状和尺寸应适应实验夹头夹持。采用的直径为 10mm，标距为 100mm。平行长度为 120mm 的试样。

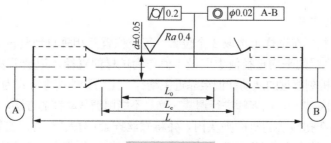

图 3-5　扭转试样

4. 实验原理
1)测定低碳钢的剪切模量
在扭矩 T 作用下,圆截面杆相距为 $\mathrm{d}x$ 的两截面的相对扭转角为

$$\mathrm{d}\varphi = \frac{T(x)\mathrm{d}x}{GI_\mathrm{p}} \tag{3-5}$$

因此,相距为 l 的两个横截面的相对扭角为

$$\varphi = \int_0^l \frac{T(x)\mathrm{d}x}{GI_\mathrm{p}} \tag{3-6}$$

对于长度为 l,在两端受一对恒定外力偶矩 M_e 作用的等直杆,其 T、G、I_p 均为常量,故其相对扭转角为

$$\varphi = \frac{M_\mathrm{e}}{GI_\mathrm{p}} \int_0^l \mathrm{d}x = \frac{M_\mathrm{e}l}{GI_\mathrm{p}} \tag{3-7}$$

为了验证剪切胡克定律,在弹性范围内,按逐渐加载的方式进行实验。将扭角仪安装在试样上,每次增加相同的扭矩 ΔM,若测得扭转角增加的角度 $\Delta\varphi$ 也相同,则验证了剪切胡克定律。根据增加的扭矩和扭转角可得到剪切模量。

$$G = \frac{\Delta M l_0}{\Delta\varphi I_\mathrm{p}} \tag{3-8}$$

式中,l_0 为试样标距;I_p 为试样的极惯性矩。

2)测定低碳钢扭转时剪切屈服极限和剪切抗拉强度
由于试样处于纯剪切状态,随着外力偶矩的增加,材料进入屈服阶段,屈服阶段的最小外力偶矩的数值为屈服力偶矩 M_e,剪切屈服极限应力为

$$\tau_\mathrm{s} = \frac{3}{4} \times \frac{M_\mathrm{e}}{W_\mathrm{p}} \tag{3-9}$$

式中,W_p 为抗扭截面系数。

测得剪切屈服极限后,加快实验机加载速率,直到试样被扭断,根据测定试样在断裂时的外力偶矩 M_eb,可以得到剪切抗拉强度,剪切抗拉强度为

$$\tau_\mathrm{b} = \frac{3}{4} \times \frac{M_\mathrm{eb}}{W_\mathrm{p}} \tag{3-10}$$

3)铸铁的剪切抗拉强度
对于铸铁只需要测出其承受的最大外力偶矩 M_eb,就可以通过计算得到相应的剪切抗拉强度。

5. 实验步骤
1)金属材料扭转实验
(1)量取试样直径。在试样上选取 3 个位置,每个位置互相垂直地测量 2 次直径,取其平均值;然后从 3 个位置的平均直径值中取最小值作为试样的直径,记录于表 3-3。

(2)将扭转实验机刻度盘的从动针调至靠近主动针。主动针的调零方式为自动调整,如果主动针不在零位,应通知老师,由老师进行调整。绝对不能用调从动针的方法,将两针调至零位。

(3)把试样安装在扭转实验机的夹头内,并将螺丝拧紧(勿太用力)。安装时,一定要注意主动夹头的夹块要保持水平(固定夹头的夹块总是水平的),以避免引起初始扭矩。如果已经

出现小量的初始扭矩,只要不超过 5N·m,就可以开始加载。另外,试样在水平面和垂直面上不能歪斜,否则加载后试样将发生扭曲。

(4)打开绘图记录器的开关;将调速旋钮置于低速位置。开始用 0~36°/min 挡慢速加载,每增加 5N·m 的扭矩,记录下相应的扭转角度。实验过程中,注意观察试件的变形情况和 M_n-φ 图,当材料发生流动时,将记录流动时的扭矩值 M_e 和相应的扭转角度记录到表 3-4 中。另外,注意记录扭矩刚开始下降时的扭矩值和相应的扭转角度。扭矩值估读到 0.1N·m。

(5)塑性流动以后,继续加载,试件进入强化阶段,关闭记录器后,将电机速度选择在 0~36°/min 挡,加快加载速度。直至试件扭断,将记下断裂时的扭矩值 M_{eb} 记录到表 3-4 中,注意观察断口的形状。注意,试件扭断后应立即停止加载,以便记录断裂时的扭转角度。

2)高分子材料扭转实验

操作步骤与金属材料相同。因铸铁在变形很小时就破坏,所以只能用 0~36°/min 挡慢速加载。每增加 5N·m 的扭矩,记录下相应的扭转角度。注意观察高分子试件在扭转过程中的变形情况,并记录试件扭断时的极限扭矩值 M_{eb} 和相应的扭转角度。

6. 实验记录

表 3-3 实验数据

试件	低碳钢	铸铁
直径(第 1 次)		
直径(第 2 次)		
直径(第 3 次)		
平均		

表 3-4 扭转实验实验数据记录

扭转材料	屈服载荷 M_e/(N·m)	最大载荷 M_{eb}/(N·m)
金属材料		
高分子材料		

实验视频如下。

3-1 金属材料扭转

3-2 高分子材料扭转

3.4 杆件扭转行为的有限元模拟

1. 问题描述

实际工程中有许多种承受扭转载荷的构件,如水泥搅拌、车床光杆和主轴、汽车传动轴。本节通过 ABAQUS 软件平台,主要解决下列问题。

(1)怎样通过软件正确完成扭转模拟分析。

(2)如何分析不同横截面模型扭转的特点。

2. 模型与相关参数

试样如图 3-6 所示。

所用材料参数和几何尺寸见表 3-5。

图 3-6 试样图

表 3-5 材料参数和几何参数

弹性模量 E/MPa	泊松比 ν	直径 d/mm	长度 l/mm
210000	0.3	20	100

3. 有限元分析

3-3 金属材料扭转

1) 创建部件

(1) 启动 ABAQUS/CAE,选择 Module 列表下 Part 功能模块,开始建模。用鼠标左键选取左侧工具中的 Create Part 工具,在弹出的对话框中,依次选择 3D→Deformable→Solid→Extrusion。其余参数不变,如图 3-7 所示。

(2) 创建横截面,选择左侧工具中 Create Circle 创建直径为 20mm 的圆,如图 3-8 所示。

图 3-7 选取建模类型

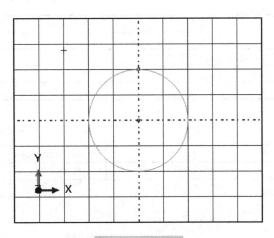

图 3-8 建立草图

(3) 在绘图界面双击鼠标中建,弹出 Edit Base Extrusion 对话框,输入拉伸长度 Depth 为 100,单击 OK,如图 3-9 所示。

(4) 单击 OK,完成模型创建,如图 3-10 所示。

图 3-9 设置拉伸

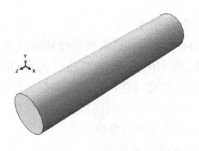

图 3-10 模型图

2)设置材料和截面特征

(1)定义材料参数,在 Module 模块中选择 Property(参数)子模块。选择左侧工具 Create Material,弹出对话框。在对话框中选择 Mechanical→Elasticity→Elastic,设置弹性模量和泊松比,如图 3-11 所示。

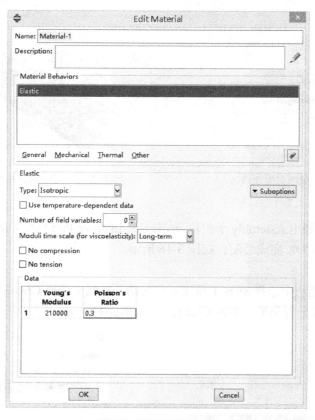

图 3-11　设置弹性参数

(2)创建截面特性,选择左侧工具 Create Section,弹出 Create Section 对话框,单击 Continue,在弹出的 Edit Section 对话框中保持默认参数不变,单击 OK,如图 3-12 和图 3-13 所示。

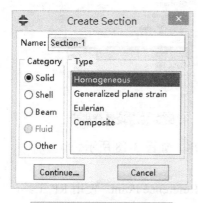

图 3-12　创建 Create Section

图 3-13　选择截面的材料属性

(3)分配截面特性,单击左侧工具中的 Assign Section,单击视图区中的模型,单击鼠标中键，弹出 Edit Section Assignment 对话框，单击 OK 赋予部件截面特性，效果如图 3-14 和图 3-15 所示。

图 3-14 赋予截面属性

图 3-15 赋予截面属性后的几何模型

3）装配部件

选择 Module 列表中 Assembly 子模块，单击工具 Instance Part 弹出 Create Instance 对话框，使用默认属性，单击 OK 完成装配，如图 3-16 所示。

4）设置分析步

(1) 在 Module 模块中选择 Step 子模块。在左侧工具栏中选择 Create Step，弹出对话框，选择 Static，General 分析类型，单击 Continue，如图 3-17 所示。

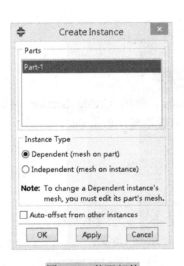

图 3-16 装配部件

图 3-17 设置分析步

(2) 弹出 Edit Step 对话框，选择默认参数，单击 OK，如图 3-18 所示。

5）设置耦合

(1) 单击菜单栏中 Tools 选项，在下拉菜单中选择 Reference Point。使用 RP 工具，在视图区中选择圆柱两端圆心，创建参考点 RP-1 和 RP-2[设置在部件外，坐标分别为(0, 0, 105)；(0, 0, -5)]，如图 3-19 所示。

(2)在 Module 列表中选择 Interaction 子模块。单击左侧工具栏中 Create Constraint，弹出对话框选择 Coupling 选项，如图 3-20 所示。

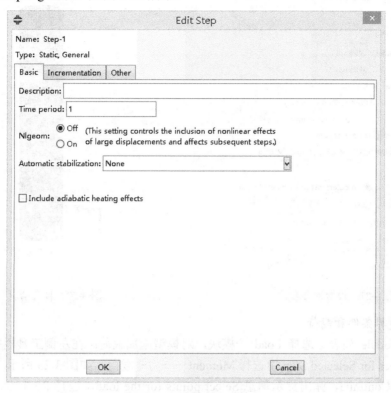

图 3-18　设置分析步参数

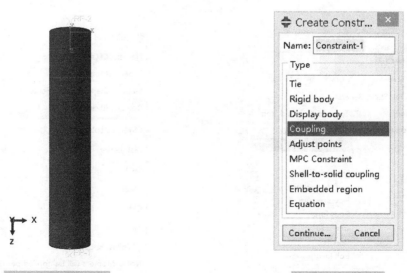

图 3-19　建立参考点　　　　　　　　图 3-20　设置耦合

(3)单击 Continue，下边弹出提示 Select the constraint control point，单击 RP-1 点进行选择；下边显示 Select the constraint region type，单击 Surface 进行确认，选择 RP-1 点所在面，单击中键确认，弹出 Edit Constraint 对话框，采用默认选项，即耦合约束所有的自由度，单击 OK 确认，如图 3-21 所示。

同理，创建 RP-2 耦合，最终耦合情况如图 3-22 所示。

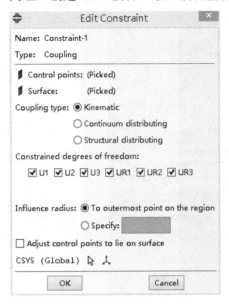

图 3-21　设置耦合参数

图 3-22　耦合情况

6) 施加边界条件和载荷

(1) 在 Module 列表中选择 Load 子模块，对模型施加载荷。在左侧工具栏中选择 Create Load，在 Types for Selected Step 中选择 Moment——力矩载荷，如图 3-23 所示。

(2) 单击 Continue，弹出提示信息 Select points for the load，选择 RP-1 点，单击提示框 Done 确认，弹出对话框 Edit Load 设置沿 z 方向的力矩 CM3，大小为 300000N·mm，如图 3-24 所示。

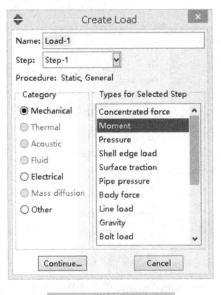

图 3-23　施加载荷为力矩

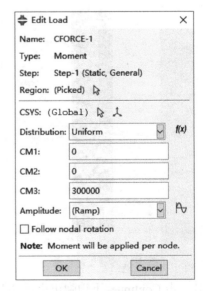

图 3-24　施加力矩

同理在 RP-2 点上施加相反力矩，即 -300000N·mm，如图 3-25 和图 3-26 所示。

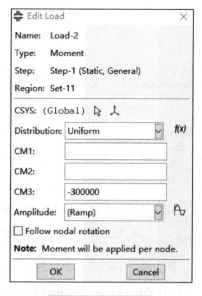

图 3-25 施加反力矩

图 3-26 受力效果

7) 划分网格

(1) 在主菜单 Tools 工具中选择 Partition 工具,对圆柱进行分割,在弹出的 Create Partition 对话框中选择 Define cutting plane,如图 3-27 所示。

(2) 在提示框中选择划分方式为 3 点划分,对圆柱进行分割,最终将圆柱横截面过圆心四等分,如图 3-28 所示。

图 3-27 分割模型

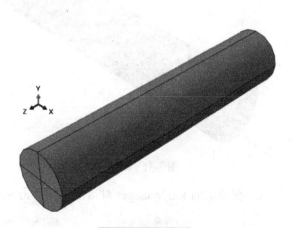

图 3-28 分割效果

(3) 单击左侧工具 Seed Edges,在弹出的 Local Seeds 对话框中选择 By number,对边界撒种子,相关参数设置如图 3-29 所示。

(4) 单击左侧工具 Assign Mesh Controls,在弹出的 Mesh Controls 对话框中,单元类型 Element Shape 选择 Hex-dominated,在 Technique 中选择 Sweep,在 Algorithm 中选择 Medial axis 进行控制,如图 3-30 所示。

图 3-29　设置网格尺寸

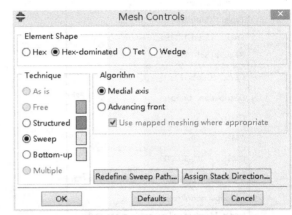
图 3-30　设置网格单元类型

（5）单击左侧工具 Mesh Part Instance，窗口底部提示信息 OK to mesh the part instance，单击 Yes 完成网格划分，网格效果如图 3-31 所示。

8）运行分析，提交作业

（1）在 Module 列表中选择 Job 子功能模块，单击左侧工具栏选择 Create Job，弹出对话框设置新的求解，单击 Continue，如图 3-32 所示。

图 3-31　网格效果

图 3-32　Creat Job

（2）在弹出的 Job Manager 对话框中，单击 Submit 提交作业，如图 3-33 所示。

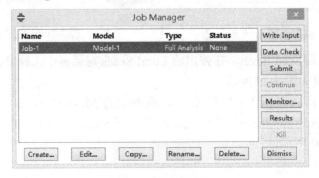
图 3-33　提交作业

9) 查看结果

(1) 当对话框中 Status 依次变化为 Submitted→Running→Completed 时，表示求解结束，单击 Results，进入 Visualization（后处理）模块，单击后处理模块左侧工具 Plot Contours on Deformed Shape 显示应力云图，云图如图 3-34 所示。

(2) 单击左侧工具 Create XY Data，在弹出对话框中，选择 ODB field output，单击 Continue，如图 3-35 所示。

图 3-34　等效应力云图　　　　　　　　　图 3-35　选择调取数据

(3) 在弹出的 XY Data from ODB Filed Output 对话框的 Position 选项中选择 Elements/Nodes，在 Method 中选择 Node sets，再选择 RP1 点，如图 3-36 所示。

图 3-36　选择参考点

(4) 重新选择左侧工具 Create XY Data，在弹出对话框中选择 Operate on XY data，单击

Continue，在弹出的对话框中选择 combine(X,X) 调入保存数据，单击对话框中的 Plot Expression 显示扭矩-扭转角曲线，如图 3-37 所示。

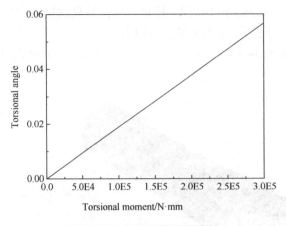

图 3-37　扭转角-扭矩变化图

(5) 在主菜单中单击 Tools，在下拉菜单中选择 Path，弹出菜单中单击 Create，弹出 Create Path 对话框，选择 Node list，单击 Continue，弹出 Edit Node List Path 对话框，单击 Add Before 进入视图区，依次选择沿半径方向的节点，选取完成后单击 OK，完成路径创建，如图 3-38～图 3-40 所示。

图 3-38　创建路径

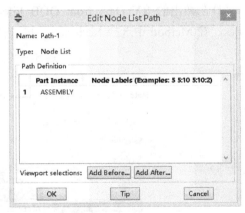

图 3-39　定义路径

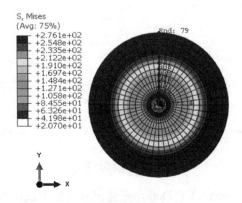

图 3-40　路径设置

(6) 单击左侧工具 Create XY Data，弹出对话框后选择 Path，如图 3-41 所示，然后单击 Continue。在弹出的 Field Output 对话框中选择 Mises 应力，确定后单击 OK。回到 XY Data from Path 界面，选择 Plot 显示沿路径的应力曲线，如图 3-42 和图 3-43 所示。

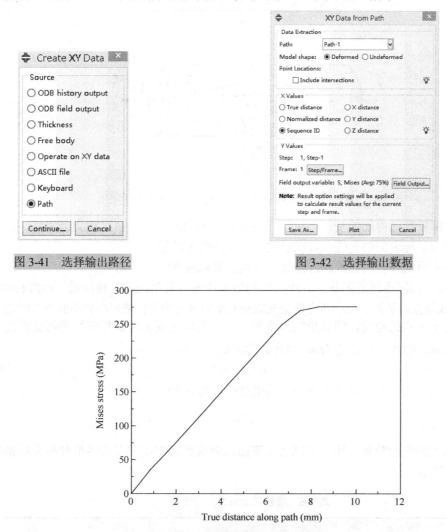

图 3-41 选择输出路径　　　　　　图 3-42 选择输出数据

图 3-43 等效应力沿路径变化图

结论：由应力云图和曲线图可知，扭转轴横截面上的应力呈线性分布，且随着半径的增加呈递增趋势。应力这种随半径的递增分布，与材料力学理论相吻合。且在比例极限内的整个扭转轴的扭转角和扭矩呈一维线性关系。

3.5 杆件扭转的应力应变理论分析

3.5.1 薄壁圆筒扭转时的应力及变形

对于一薄壁圆筒，设其壁厚 δ 远小于圆筒的半径 r。假设薄壁圆筒的两端分别承受一对扭矩 M_e，如图 3-44 所示。

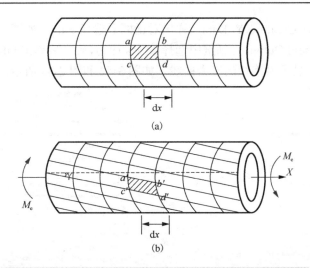

图 3-44 薄壁圆筒扭转时表面上纵向线和横向线的变形规律

为了研究薄壁圆筒内部的变形，可以在薄壁圆筒的表面上划一些纵横交错的线，其中横向线是横截面与试样表面的交线，可以反映横截面的变形特征。

对扭转变形后试样表面的辅助方格线进行观察可以发现：

(1) 圆筒表面的圆周线的形状、大小和间距均未改变，只是绕圆筒轴线做了相对转动。

(2) 纵向线均倾斜了同一微小角度使原来规则的矩形网格均歪斜成同样大小的平行四边形。表面方格子倾斜的角度，即直角的改变量，定义为切应变 γ。如果圆筒两端截面之间相对转过的圆心角，即相对扭转角为 φ，则可以得到如下几何关系式：

$$r\varphi = L\tan\gamma = L\gamma \tag{3-11}$$

由此可得圆筒表面的切应变 γ 与两端的相对扭转角 φ 之间的关系为

$$\gamma = \frac{\varphi r}{L} \tag{3-12}$$

而横截面上的应力分布规律，可以通过表面纵向线和横向线的变形特征分析得以推断。具体如表 3-6 所示。

表 3-6 横截面上应力分布情况

变形特征	应力分布特征
圆筒表面的各圆周线间距均未改变	横截面上无正应力产生
圆筒表面的各圆周线的形状、大小保持不变	横截面在变形前后都保持为形状、大小未改变的平面，横截面上切应力的方向与圆轴相切
各纵向线均倾斜了同一微小角度	横截面上切应力沿圆筒周向均匀分布

此外，由于壁厚远小于圆筒的半径，因此可近似认为沿壁厚方向各点处切应力大小相等。综上分析可得，薄壁圆筒横截面上应力的分布规律如下：

(1) 横截面上无正应力。

(2) 横截面上只有与圆周相切的切应力，且沿圆筒周向均匀分布。

(3) 对于薄壁圆筒，可认为切应力沿壁厚也均匀分布。

下面来具体分析下薄壁圆筒横截面上的切应力的计算。

首先，由静力学关系，圆筒扭转时，横截面上均匀分布的切应力所产生的合力矩即为扭矩：

$$\int_A \tau \, dA \times r_0 = T \tag{3-13}$$

因薄壁圆环横截面上各点处的切应力 τ 相等有

$$T = \tau r_0 \int_A dA = \tau r_0 A \tag{3-14}$$

式中，$A = 2\pi r_0 \delta$ 为薄壁圆环的面积，可得薄壁圆筒扭转时横截面上切应力的表达式为

$$\tau = \frac{T}{r_0 A} = \frac{T}{2\pi r_0^2 \delta} \tag{3-15}$$

其方向与扭矩的方向一致。

3.5.2 剪切胡克定律

薄壁圆筒扭转实验研究发现，外力偶 M_e 和圆筒两端的相对转角 φ 之间满足如图 3-45 所示的关系，由图 3-45 可以看出，在一定范围内，M_e 与 φ 成正比。

因此，由前述薄壁圆筒扭转时的应变表达

$$\gamma = \frac{\varphi r}{l} \tag{3-16}$$

和切应力表达式

$$\tau = \frac{T}{2\pi r_0^2 \delta} \tag{3-17}$$

可得切应变与切应力之间的正比关系为

$$\tau = G\gamma \tag{3-18}$$

其中，G 为剪切模量，如低碳钢的切变模量值约为 80GPa。此式称为**剪切胡克定律**。注意此式的使用条件是：扭转角 φ 不超过一定范围，相应的切应力 $\tau \leqslant \tau_p$，其中 τ_p 为剪切比例极限。

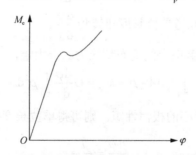

图 3-45 薄壁圆筒扭转时表面上纵向线和横向线的变形规律

3.5.3 等直圆杆扭转时的应力及变形

类似于薄壁圆筒的扭转，等直圆杆扭转变形时的几何特征：

(1) 相邻圆周线绕杆的轴线相对转动，但圆周的大小、形状、间距都未变。

(2) 纵向平行线仍然保持为直线且相互平行，只是倾斜了同一个角度 γ，且表面上所有矩形均变成平行四边形。

由此可得圆截面直杆扭转时的**平截面假设**：如图 3-46 所示，等直圆杆受扭转时其横截面如同刚性平面一样绕杆的轴线转动，且相邻两截面间的距离不变。由此可以推知：**等直圆杆扭转时横截面上只有垂直于半径的切应力，没有正应力产生**。

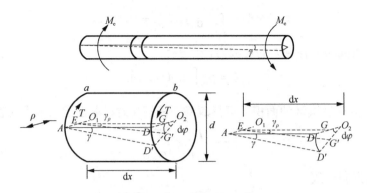

图 3-46 等直圆杆扭转时的变形规律

由等直圆杆的变形特征可以得到圆轴横截面上距中心距离为 ρ 的任一点的切应变 γ_ρ 为

$$\gamma_\rho \approx \tan\gamma_\rho = \frac{\overline{GG'}}{\overline{EG}} = \frac{\rho \mathrm{d}\varphi}{\mathrm{d}x} \tag{3-19}$$

式中，$\dfrac{\mathrm{d}\varphi}{\mathrm{d}x}$ 为扭转角沿杆长的变化率，也称为单位长度的扭转角，在同一横截面处为常量。由此可见，横截面上的切应变满足线性分布规律，即 $\gamma_\rho \propto \rho$。横截面中心处的切应变为 0，而表面处（$\rho=r$）的切应变最大，即

$$\gamma = \frac{r\mathrm{d}\varphi}{\mathrm{d}x} \tag{3-20}$$

下面来分析下横截面上的切应力分布规律及其求解公式。

由剪切胡克定律可得圆轴横截面上距中心距离为 ρ 的任一点的切应力为

$$\tau_\rho = G\gamma_\rho = G\frac{\rho \mathrm{d}\varphi}{\mathrm{d}x} \tag{3-21}$$

式(3-21)的进一步求解，需要知道单位长度扭转角 $\dfrac{\mathrm{d}\varphi}{\mathrm{d}x}$。

由静力学关系，扭矩为横截面上的均布切应力的合力矩，即

$$\int_A \tau_\rho \mathrm{d}A \cdot \rho = M_\mathrm{e} = G\frac{\mathrm{d}\varphi}{\mathrm{d}x}\int_A \rho^2 \mathrm{d}A \tag{3-22}$$

令 $I_\mathrm{p} = \int_A \rho^2 \mathrm{d}A$，称为截面对形心的极惯性矩。则可得单位长度扭转角

$$\frac{\mathrm{d}\varphi}{\mathrm{d}x} = \frac{T}{GI_\mathrm{p}} \tag{3-23}$$

将其代入式(3-21)，便可得等直圆杆扭转时横截面上任一点的应力表达式：

$$\tau_\rho = \frac{T\rho}{I_\mathrm{p}} \tag{3-24}$$

与此同时，代入式(3-19)，可得圆轴横截面上距中心距离为 ρ 的任一点的切应变 γ_ρ 为

$$\gamma_\rho = \frac{T\rho}{GI_\mathrm{p}} \tag{3-25}$$

由此可见，等截面直杆扭转时，横截面上的切应力为线性分布。圆心处的切应力为 0，最大切应力发生在横截面周边上各点处（$\rho=r$），大小为

$$\tau_{\max} = \frac{Tr}{I_p} \tag{3-26}$$

最大切应力所在位置往往是材料发生破坏的危险位置，在工程中值得重点关注。令 $W_p = I_p/r$，称为扭转截面系数。则式(3-26)变为

$$\tau_{\max} = \frac{T}{W_p} \tag{3-27}$$

对于圆形截面，I_p 可计算为

$$I_p = \int_A \rho^2 dA = \int_0^r 2\pi\rho \cdot \rho^2 d\rho = \frac{\pi r^4}{2} \tag{3-28}$$

$$W_p = I_p/r = \frac{\pi r^3}{2} \tag{3-29}$$

设圆杆直径为 d，则 $I_p = \pi d^4/32$，$W_p = \pi d^3/16$。

同样可计算出对于空心圆杆，有

$$I_p = \int_A \rho^2 dA = \int_{r_\text{内}}^{r_\text{外}} 2\pi\rho \cdot \rho^2 d\rho = \frac{\pi}{2}\left(r_\text{外}^4 - r_\text{内}^4\right) \tag{3-30}$$

$$W_p = \frac{I_p}{r_\text{外}} = \frac{\pi}{2}\frac{\left(r_\text{外}^4 - r_\text{内}^4\right)}{r_\text{外}} \tag{3-31}$$

假设内径 $r_\text{内}=d/2$，$r_\text{外}=D/2$，其中 d 和 D 分别为外径和内径，则

$$I_p = \pi\frac{d^4 - D^4}{32}$$
$$W_p = \pi\frac{d^4 - D^4}{16D} \tag{3-32}$$

如果定义内径和外径的比值 $\alpha = \frac{d}{D}$，则

$$I_p = \frac{\pi D^4}{32}\left(1 - \alpha^4\right) \tag{3-33}$$

$$W_p = \frac{\pi D^3}{16}\left(1 - \alpha^4\right) \tag{3-34}$$

由式(3-23)可知，长度为 dx 的微段的两端部横截面的相对扭转角为

$$d\varphi = \frac{M_e(x)dx}{GI_p}$$

则对于长度为 l 的整个圆杆，两端面之间的相对扭转角为

$$\varphi = \int_l d\varphi = \int_0^l \frac{M_e}{GI_p}dx \tag{3-35}$$

因此，相距为 l 的两个横截面的相对扭角为

$$\varphi = \int_0^l \frac{T(x)dx}{GI_p} \tag{3-36}$$

对于长度为 l，在两端受一对恒定外力偶矩 M_e 作用的等直杆，其 T、G、I_p 均为常量，故其相对扭转角为

$$\varphi = \frac{M_\mathrm{e}}{GI_\mathrm{p}} \int_0^l \mathrm{d}x = \frac{M_\mathrm{e} l}{GI_\mathrm{p}} \tag{3-37}$$

以及

$$\varphi = \frac{M_\mathrm{e} l}{GI_\mathrm{p}} \tag{3-38}$$

3.5.4 矩形截面杆扭转时的应力及变形

针对矩阵截面，平截面假设不再成立。变形后横截面成为一个凹凸不平的曲面，这种现象称为翘曲。

如图 3-47 所示，当矩形杆的两端不受约束只承受扭矩，此时两端可以自由地翘曲，称为自由纯扭转或纯扭转。此时横截面上仍然没有正应力，而只有切应力。

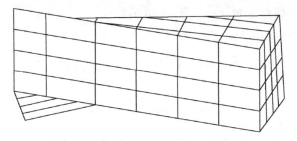

图 3-47　矩形截面杆自由扭转时候的翘曲现象

类似于等直圆杆，此时矩阵截面上的最大切应力以及单位长度的扭转角仍可以表达为

$$\tau_\mathrm{max} = \frac{M_\mathrm{e}}{W_\mathrm{p}} \tag{3-39}$$

$$\varphi' = \frac{\mathrm{d}\varphi}{\mathrm{d}x} = \frac{M_\mathrm{e}}{GI_\mathrm{p}} \tag{3-40}$$

此时 W_p 和 I_p 分别定义为 $W_\mathrm{p} = \alpha h b^2$，$I_\mathrm{p} = \beta h b^2$。其中，$h$ 和 b 分别为矩形截面的长边和短边。α 和 β 为与 h/b 相关的因数。最大应力的位置如图 3-48 所示。

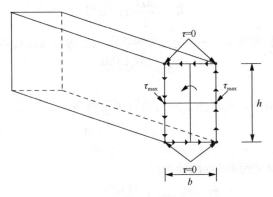

图 3-48　矩形截面杆扭转时的应力分布规律

第4章 弯 曲

4.1 弯曲变形概述

等截面直杆在承受垂直于杆轴线的横向外力或力偶时,其轴线会由直线变成曲线,这种变形称为弯曲。以弯曲为主要变形的杆件通常称为梁。

弯曲通常分为对称弯曲和非对称弯曲。对于具有纵向对称面的直梁,若所有外载荷均作用于纵向对称面内,则梁变形后的轴线位于外载荷所在的平面内,这种弯曲形式称为对称弯曲。若梁不具有纵对称面,或者梁虽有纵向对称面但外载荷不作用在纵对称面内,这种弯曲则称为非对称弯曲。对称弯曲是弯曲问题中最常见的情况,本章将讨论梁在对称弯曲变形下的横截面上的正应力和剪应力。

梁的弯曲变形在工程问题中十分常见,如简支梁桥(图 4-1)、火车轮轴(图 4-2)、桥式起重机横梁等(图 4-3)。梁结构的安全设计需要考虑弯曲变形问题,因此,学习和了解梁的弯曲变形问题(如应力、位移等)具有重要意义。

 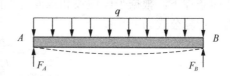

图 4-1 简支梁桥

图 4-2 火车轮轴

 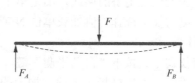

图 4-3 桥式起重机横梁

4.2 梁的纯弯曲实验

1. 实验目的
(1)熟悉电测法的基本原理和静态电阻应变仪的使用方法。
(2)测定梁在纯弯曲时横截面上正应力大小和分布规律。
(3)验证纯弯曲梁的正应力公式。

2. 实验设备
(1)材料力学多功能实验台中的纯弯曲梁实验装置。
(2)静态电阻应变仪

3. 实验试样
实验采用低碳钢或中碳钢制成的矩形截面梁,试样尺寸为长80mm,宽10mm,厚4mm,如图4-4所示。

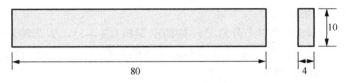

图4-4 试样尺寸图(单位：mm)

4. 实验原理
在纯弯曲条件下,根据平面假设和纵向纤维间无挤压的假设,可得到梁横截面上任意一点的正应力,计算公式为

$$\sigma = \frac{My}{I_z} \tag{4-1}$$

式中,M为横截面上的弯矩;I_z为梁的横截面对中性轴的惯性矩;y为应力测量点到中性轴的距离。

测量梁横截面上的正应力分布规律,在梁的弯曲段沿梁侧面不同高度,平行于轴线贴应变片。贴法：中性层一片,中性层上下1/4梁高处各一片,梁上下两侧各一片。另外,在梁的右支点以外贴一片作为温度补偿片,共计六片。

采用增量加载法,每增加等量载荷ΔP(500N)测出各点的应变增量$\Delta \varepsilon$,求得各点应变增量的平均值$\Delta \varepsilon_t$,从而求出应力增量：

$$\sigma_t = E \Delta \varepsilon_t \tag{4-2}$$

将实验应力值与理论应力值进行比较,验证弯曲正应力公式。

5. 实验步骤
(1)打开应变仪、测力仪电源开关。
(2)连接应变仪上电桥的连线,确定第1测点到第6测点在电桥通道上的序号。
(3)检查测力仪,选择力值加载单位N或kg,按动按键直至显示N上红灯亮起。按清零键,使测力计显示零。
(4)应变仪调零。按下"自动平衡"键,使应变仪显示为零。
(5)转动手轮,按铭牌指示加载,加力的学生要缓慢均匀加载,到测力计上显示500N,读数的学生读下5个测点的应力值(注意记录下正、负号)。用应变仪右下角的通道切换键来显示 5 个测点的读数。以后，加力每次 500N，到 3000N 为止。

(6) 读完 300N 应变读数后，卸下载荷，关闭电源。

6. 实验结果及处理

实验数据记录见表 4-1。

表 4-1 实验数据

载荷/N		p	500	1000	1500	2000	2500	3000
		Δp	500	500	500	500	500	500
各测点应变仪读数/(10^{-6})	1	ε_p						
		$\Delta\varepsilon_p$						
		平均值						
	2	ε_p						
		$\Delta\varepsilon_p$						
		平均值						
	3	ε_p						
		$\Delta\varepsilon_p$						
		平均值						
	4	ε_p						
		$\Delta\varepsilon_p$						
		平均值						
	5	ε_p						
		$\Delta\varepsilon_p$						
		平均值						

(1) 各点实验应力值计算。

根据表 4-1 数据求得应变增量平均值 $\Delta\bar{\varepsilon}$，代入胡克定律计算各点实验值：

$$\sigma_{real} = E\Delta\bar{\varepsilon} \times 10^{-6} \tag{4-3}$$

(2) 各点理论应力值计算。

载荷增量为

$$\Delta P = 500\text{N} \tag{4-4}$$

弯矩增量为

$$\Delta M = \Delta P/2 \times a \tag{4-5}$$

应力理论值计算为

$$\sigma_{theory} = \frac{\Delta M \cdot Y_i}{I_z} \tag{4-6}$$

(3) 绘出实验测得应力值和理论应力值的分布图。

以横坐标表示各测点的应力 σ_{real} 和 σ_{theory}，以纵坐标表示各测点距梁中性层的位置。将各点用直线连接，实测用实线，理论用虚线。

(4) 实验值与理论值比较，验证纯弯曲梁的正应力公式，见表 4-2。

表 4-2 理论与实验比较

测点	理论值 σ_{theory}/MPa	实测值 σ_{real}/MPa	相对误差
1			
2			

续表

测点	理论值 σ_{theory} /MPa	实测值 σ_{real} /MPa	相对误差
3			
4			
5			

注：相对误差为 $\left|\dfrac{\sigma_{real}-\sigma_{theory}}{\sigma_{real}}\right|$。

实验视频如下。

4-1 金属梁纯弯曲

4.3 梁弯曲行为的有限元模拟

1. 问题描述

弯曲是梁的一种主要变形形式，梁是实际工程中一种主要的常用构件，材料力学中研究的大多数弯曲为对称弯曲，即梁在变形之后轴线仍然在纵向对称面内，且为一曲线。本节主要讨论受横力弯曲时梁的变形情况及应力分布规律。

2. 模型与相关参数

模型如图 4-5 所示。材料参数和几何参数如表 4-3 所示。

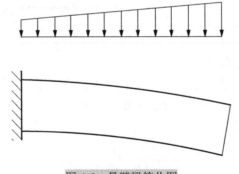

图 4-5 悬臂梁简化图

表 4-3 材料参数和几何参数

弹性模量 E /MPa	泊松比 ν	横截面尺寸 $a\times b\times l$/mm×mm×mm
210000	0.3	10×5×80

3. 有限元分析

4-2 金属材料弯曲

分析上述模型的受力及变形情况，发现其变形情况与在悬臂梁的自由端作用一个力偶时的变形情况类似，由于本节仅做定性分析，故为了简化计算模型，可以近似地将分布载荷产生的变形与在自由端施加一个力偶产生的变形情况简单地等效，进行 ABAQUS 分析。

1) 有限元建模

(1) 选择模块列表 Module 下的 Part 功能模块，开始建模。选取左侧工具中的 Create Part 工具，弹出对话框，选择 3D→Deformable→Solid→Extrusion，其余参数不变。如图 4-6 所示。

(2) 创建横切面，选择 Create lines 工具，依次画线连接，得到 10×5 矩形横截面，如图 4-7 所示。

图 4-6 选择模型类型　　　　图 4-7 建立草图

(3) 鼠标移至绘图区，双击鼠标中键，弹出 Edit Base Extrusion 对话框，输入 Depth（拉伸长度）为 80，完成模型创建，如图 4-8 所示。

(4) 单击 OK，完成模型创建，如图 4-9 所示。

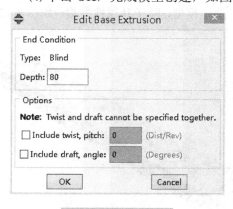 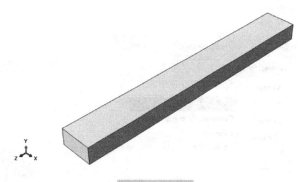

图 4-8 设置拉伸长度　　　　图 4-9 模型图

2) 设置材料和截面特征

(1) 定义材料参数，选择 Mechanical→Elasticity→Elastic 设置弹性模量和泊松比，如图 4-10 所示。

(2) 创建截面特性，选择左侧工具 Create Section，创建截面特性，单击 Continue，保持默认参数不变并确认，如图 4-11 所示。

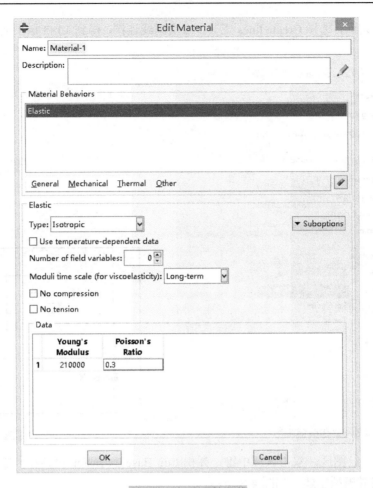

图 4-10 设置弹性参数

(3) 分配截面特性，选择左侧工具 Assign Section，选中模型，赋予其属性参数，如图 4-12 所示。

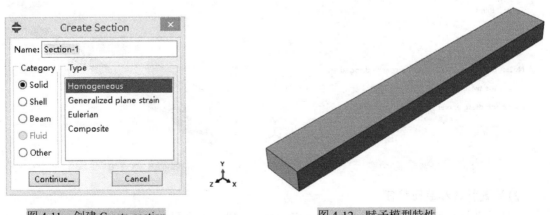

图 4-11 创建 Create-section　　　　　图 4-12 赋予模型特性

3) 装配部件

选择 Module 列表中 Assembly(装配)模块，单击 Instance Part 弹出 Create Instance，使用默认属性，单击 OK 确认装配模型。如图 4-13 所示。

4) 设置分析步

(1) 选择 Module 列表中的 Step 模块,选择 Static, General 分析步,单击 Continue。如图 4-14 所示。

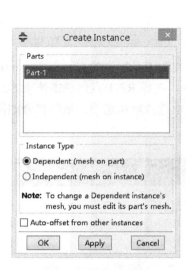

图 4-13　装配部件

图 4-14　设置分析步

(2) 在弹出对话框中保持默认参数不变,单击 OK,如图 4-15 所示。

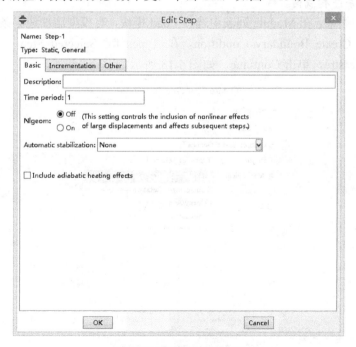

图 4-15　设置分析步参数

5) 设置耦合

(1) 单击主菜单 Tools,选择下拉菜单中的 Reference Point 工具,创建参考点 RP-1,如图 4-16 所示。

图 4-16　建立参考点

(2)在 Module 列表中选择 Interaction 子模块，单击左侧工具栏中的 Create Constraint，弹出对话框，选择 Coupling 选项设置耦合，单击 Continue，选择 RP-1 点，单击选项 Surface，选择与 RP-1 点耦合的端面，单击鼠标中键确认，弹出框选择默认选项。最终耦合如图 4-17 所示。

图 4-17　耦合设置

6)施加边界条件和载荷

(1)创建初始约束，在 Module 列表中选择 Load 模块，对模型施加边界条件和载荷。在左侧工具栏中选择 Create Boundary Condition，在 Types for Selected Step 中选择 Symmetry/Antisymmetry/Encastre，单击 Continue，如图 4-18 所示。

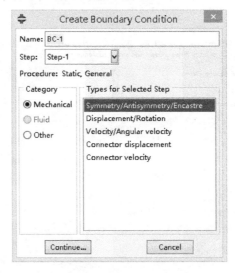

图 4-18　添加边界条件

(2)对梁一端设置约束，约束选择所有约束，如图 4-19 所示。

(3)单击左侧工具栏中 Create Load，在 Types for Selected Step 中选择施加载荷类型，在 RP-1 耦合点上施加载荷，如图 4-20 所示。

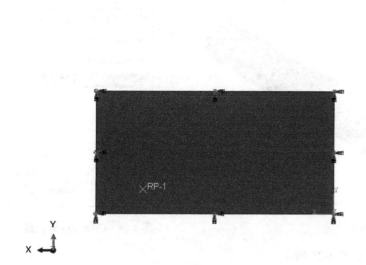
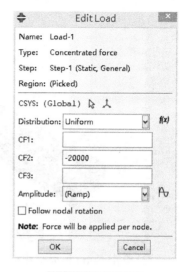

图 4-19　选择边界　　　　　　　　　图 4-20　添加载荷

7) 划分网格

(1) 在 Module 列表中选择 Mesh 模块，将顶部环境栏 Object 设为 Part，即以部件为单位划分网格。选中模型，单击左侧工具 Seed edges 弹出对话框，选择 By size，在 Sizing Controls 中设置尺寸大小为 1，相关参数如图 4-21 所示。

(2) 打开 Mesh Controls 对话框，对网格进行控制，如图 4-22 所示。

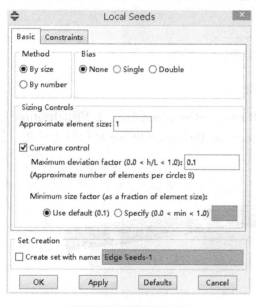

图 4-21　设置网格尺寸　　　　　　　　图 4-22　设置单元类型

(3) 单击左侧工具栏中 Mesh Part Instance，完成网格。网格效果如图 4-23 所示。

8) 运行分析，提交作业

(1) 在 Module 列表中选择 Job 子功能模块，单击左侧工具栏选择 Create Job 弹出对话框设置新的求解，单击 Continue，如图 4-24 所示。

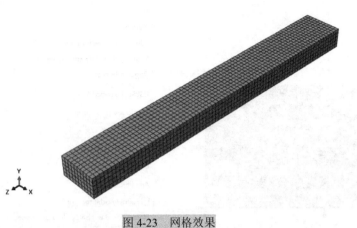

图 4-23 网格效果　　　　　　　　　图 4-24 Creat Job 对话框

(2) 单击 Submit 提交作业，如图 4-25 所示。

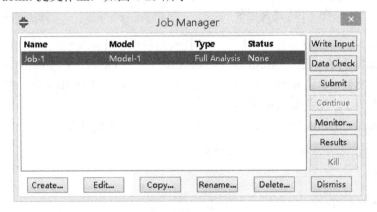

图 4-25 提交作业

(3) 当对话框中 Status 依次变化为 Submitted→Running→Completed 时，进入 Visualization（后处理）模块，单击后处理模块左侧工具 Plot Contours on Deformed Shape 显示应力云图，如图 4-26 所示。

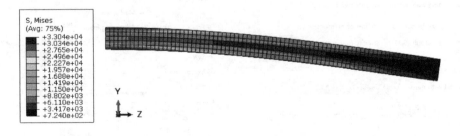

图 4-26 显示应力云图

(4) 在 Tools 工具中选择 Path，创建新的路径，定义沿梁方向上的路径，进入后处理模块，调取沿路径的应力曲线，如图 4-27 所示。

结论： 根据应力云图和沿路径 Path 的应力曲线图发现，在该载荷条件下，模型产生纯弯曲，且应力沿路径方向减小，根部最大，端部最小。

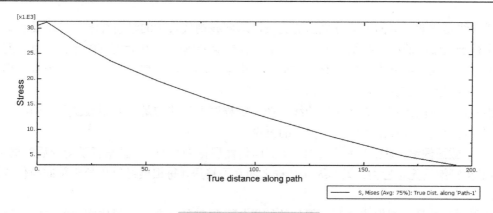

图 4-27 沿路径应力变化图

4.4 梁弯曲的应力应变理论分析

4.4.1 纯弯曲时梁横截面上的正应力

火车的轮轴可以看成一个外伸梁,在梁的两端作用有载荷 P,即火车的自重。火车的车轴将发生平面弯曲变形,剪力图和弯矩图如图 4-28 所示。

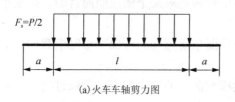
(a)火车车轴剪力图

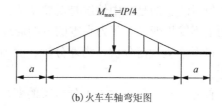
(b)火车车轴弯矩图

图 4-28 火车车轴受力图

分析此弯矩图和剪力图可以发现,在车轴的中间段只有弯矩的作用,而无剪力的作用。当梁在某段内各截面弯矩为常量且剪力为零,这种弯曲称为**纯弯曲变形**。而车轴两端的梁段上既有剪力的作用,又有弯矩的作用。该梁段的变形形式为**横力弯曲变形**。

弯矩是横截面上正应力的合力偶,而剪力是横截面上的切应力的合力。为了研究方便,本节主要关注纯弯曲时梁横截面上的正应力,这也是科学研究一种常用的思路,即由简单到复杂的思想。

力学是一门以实验为基础的学科。梁的纯弯曲实验能看到的实验现象对研究梁的纯弯曲问题会有哪些启迪呢?

材料变形的内部是个黑匣子,但是可以在梁的表面划上一些纵横交错的线,通过观察这些纵横交错线的变形以获取材料变形这个黑匣子内部的一些信息。

在梁两端的纵向对称面里施加一对大小相等,方向相反的力偶,此时梁便处于纯弯曲变形状态。观察变形后的梁,可以发现下面这些实验现象。

(1)梁的纵向线弯成了相互平行的弧线,且部分纵向线段伸长,部分纵向线段缩短。
(2)梁的横向线仍然为直线,只是相对旋转了一个角度。
(3)横向线和纵向线在弯曲变形后满足什么关系呢?它们仍然保持相互正交。

横向线是梁的横截面与梁外表面的交线,纵向线则代表梁的纵向纤维,可以设想梁是由很多平行于梁轴线的纵向纤维构成的。举个比较形象的例子,20 世纪 90 年代有首红遍大江南北的歌《众人划桨开大船》中有句歌词"一根筷子耶,轻轻被折断,十双筷子哟,牢牢抱成团",可以把这梁的纵向纤维想象成一根根筷子。

因此,梁表面上这些纵横交错的线,在一定程度上反映的是梁的横截面和纵向纤维的变形。因此可以自然地提出下面两个重要的假设。

(1)**平截面假设**:梁在弯曲变形时,横截面仍然保持为平面,并且垂直于变形后的梁轴线。

(2)**梁纤维间无正应力**:梁的纵向纤维之间互不挤压,每根梁纤维均处于单向拉伸或压缩状态。

值得注意的是,根据这些假设得到的结果与工程实际符合,经得住实践的检验。这也是胡适"大胆假设,小心求证"的思想。

下面将要引出梁弯曲时的两个重要概念。梁在弯曲变形时,一侧纵向纤维伸长,一侧纵向纤维缩短,根据变形的连续性,必然有一过渡层,此过渡层内的纵向纤维的长度不发生变化,称为中性层。形象地说,有点类似水处于 0℃时,为冰水混合物。

中性层的曲率 $1/\rho$ 是衡量梁弯曲变形程度的一个重要指标,曲率越大,变形程度就越大;曲率越小,变形程度就越小。

中性层与横截面的交线为**中性轴**。

值得注意的是,中性层是对整个梁而言的,而中性轴是对某个横截面而言的,是某个横截面上不发生变形,应力为零的点的连线。

接下来从几何分析、物理分析、静力分析三个层面来研究梁纯弯曲变形时横截面上的正应力。

首先,从几何方面入手分析梁的变形,给出梁横截面上的应变分布;再通过物理关系,即胡克定律,给出梁横截面上的应力分布;最终通过静力平衡方程给出应力的表达式。

研究一具有纵向对称面的梁,如矩形截面梁,当然不局限于矩形截面,其他有对称轴的截面均可。在梁两端施加一对位于纵向对称面内的力偶使梁将发生纯弯曲。在研究一个问题之前,需要先建立坐标系。通常情况下,取梁的轴线为 x 轴,横截面对称轴为 y 轴,中性轴为 z 轴(中性轴在横截面上的具体位置,目前尚未确定),建立如图 4-29 所示的坐标系。

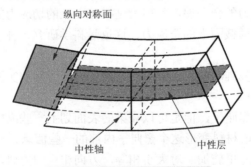

图 4-29 矩形截面梁纯弯曲变形

1. 几何关系

首先从变形几何关系出发进行分析。从梁中截取一长度为 dx 的梁段,研究的目标是要给出所截取梁段中距离中性层为 y 的纵向线段 b_1b_2 在纯弯曲变形时的应变。如图 4-30 所示,在弯曲变形时,相距为 dx 的两个横截面相对转动了 $d\theta$ 角,中性层上的纵向线段 O_1O_2,弯曲成

曲率半径为 ρ 的 $\widehat{O_1'O_2'}$ 弧。距离中性层为 y 的纵向线段 b_1b_2 在纯弯曲变形时，相应地弯曲成 $\widehat{b_1'b_2'}$ 弧，变形后的长度计算为

$$\widehat{b_1'b_2'}=(\rho+y)\mathrm{d}\theta \tag{4-7}$$

而变形前的长度 b_1b_2，也就是所截取梁段的长度 $\mathrm{d}x$，也等于变形前中性层上纵向线段 O_1O_2 的长度，而中性层在弯曲变形中不发生长度变化，所以等于弯曲变形后的 $\widehat{O_1'O_2'}$ 弧，该弧的长度为

$$b_1b_2=O_1O_2=\widehat{O_1'O_2'}=\rho\mathrm{d}\theta \tag{4-8}$$

通过 b_1b_2 在弯曲变形前后的长度，可以计算其线应变为

$$\varepsilon=\frac{\Delta l}{l}=\frac{\widehat{b_1'b_2'}-b_1b_2}{b_1b_2}=\frac{(\rho+y)\mathrm{d}\theta-\rho\mathrm{d}\theta}{\rho\mathrm{d}\theta}=\frac{y}{\rho} \tag{4-9}$$

这表明，梁纯弯曲时，纵向线段的线应变与它到中性层的距离成正比。

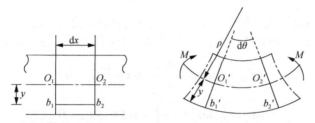

图 4-30　长度为 $\mathrm{d}x$ 的梁微段纯弯曲变形前后的几何构型

2. 物理关系

梁在纯弯曲时其纵向纤维之间不发生挤压，处于单向受力状态，当材料处于线弹性范围（即正应力未超过比例极限时），且假定材料的拉伸和压缩时弹性模量相同时，由单向拉压时的胡克定律可得

$$\sigma=E\varepsilon=E\frac{y}{\rho} \tag{4-10}$$

由此可以看出，在横截面上，任意一点的正应力与该点到中性轴的距离成正比，即正应力呈线性分布，并且以中性层为界，一侧处于拉伸状态，一侧处于压缩状态，如图 4-31(a) 所示。

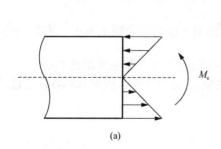
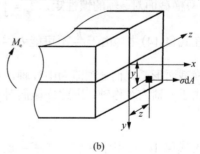

图 4-31　截面图

纯弯曲梁横截面上的正应力的计算还需要知道以下内容。
(1) 中性层曲率半径 ρ 的大小。
(2) 中性轴的位置，进而用于确定待求点到中性轴的距离 y。
它们将由接下来的静力关系来确定。

3. 静力关系

纯弯曲时，梁横截面上的内力系为垂直于横截面的空间平行力系。根据理论力学知识，这一力系向坐标原点简化，将得到三个内力分量。分别为沿着横截面法线方向的合力 F_N，以及力矩矢量分别沿 y 轴和 z 轴的 M_y 和 M_z 分量。

在横截面上取一面积微元 dA，作用在该微元上的内力大小为 σdA，沿着横截面法线方向。σdA 对 F_N、M_y 和 M_z 的贡献分别为

$$dF_N = \sigma dA = \frac{E}{\rho} y dA \tag{4-11}$$

$$dM_y = \sigma z dA = \frac{E}{\rho} yz dA \tag{4-12}$$

$$dM_z = \sigma y dA = \frac{E}{\rho} y^2 dA \tag{4-13}$$

然后将其对整个横截面进行积分，并注意到：纯弯曲时，梁的横截面上只有作用面为纵向对称面 xy、力偶矢量沿 z 方向的弯矩 M_z，而 F_N 和 M_y 相应地为零。可得如下三个静力学条件：

$$F_N = \int_A dF_N = \frac{E}{\rho} \int_A y dA = \frac{E}{\rho} S_z = 0 \tag{4-14}$$

$$M_y = \int_A dM_y = \frac{E}{\rho} \int_A yz dA = \frac{E}{\rho} I_{yz} = 0 \tag{4-15}$$

$$M_z = \int_A dM_z = \frac{E}{\rho} \int_A y^2 dA = \frac{E}{\rho} I_z = M \tag{4-16}$$

式(4-14)～式(4-16)分别定义了以下内容。

(1) 横截面对 z 轴的**静面矩**：$S_z = \int_A y dA$。静矩有一重要特性，即截面对形心轴的静矩恒为0，反之亦然。

(2) 横截面对 y、z 轴的**惯性积**：$I_{yz} = \int_A yz dA$。惯性积有一重要特性，即截面对于包含对称轴在内的一对正交轴的惯性积为0。

(3) 横截面对 z 轴的**惯性矩**：$I_z = \int_A y^2 dA$。

在式(4-14)中，由于 $\frac{E}{\rho}$ 不可能为零，故必有横截面对 z 轴的**静面矩** $S_z = 0$。因此，z 轴必通过横截面形心，而 z 轴即为中性轴，从而确定了中性轴的位置，即中性轴过形心。

由于 y 轴为对称轴，因此横截面对 y、z 轴的**惯性积** I_{yz} 必等于零，因此式(4-15)是自动满足的。

由式(4-16)可得中性层的曲率 $\frac{1}{\rho}$ 的表达式为

$$\frac{1}{\rho} = \frac{M}{EI_z} \tag{4-17}$$

定义 EI_z 为**梁的抗弯刚度**，在相同的弯矩作用下，EI_z 的值越大，相应的曲率 $\frac{1}{\rho}$ 越小，即梁的弯曲变形越小。因此**梁的抗弯刚度** EI_z 反映了梁抵抗弯曲变形的能力。

至此，正应力表达式中两个待定要素都得到了确定。其中，中性轴过横截面的形心，曲率半径的大小也通过作用的弯矩和抗弯刚度得到了确定。

将 $\dfrac{1}{\rho}$ 的表达式(4-17)代入式(4-10)，可以得到等截面直梁在纯弯曲时横截面上的正应力计算公式为

$$\sigma = \dfrac{My}{I_z} \tag{4-18}$$

式中，M 为横截面上的弯矩；y 为所求应力点到中性轴的距离；I_z 为横截面对中性轴 z 的惯性矩。应力 σ 的符号，可通过直接将 M 和 y 的正负号代入确定。但是为了回避正负号带来的麻烦，在应用此公式进行计算时，通常将弯矩和位置坐标都代以绝对值，而应力的正负则根据梁的弯曲情况判断该点处于受拉还是受压状态。其中，定义拉为正，压为负。

材料的安全问题往往取决于应力最大的部位。根据纯弯曲时梁横截面上的正应力的表达式(4-18)可以看出，应力的最大值位于横截面上距离中性轴最远处，大小为

$$\sigma_{\max} = \dfrac{My_{\max}}{I_z} \tag{4-19}$$

如果进一步定义

$$W_z = \dfrac{I_z}{y_{\max}} \tag{4-20}$$

则

$$\sigma_{\max} = \dfrac{M}{W_z} \tag{4-21}$$

式中，W_z 称为**弯曲截面系数**，其值与横截面的尺寸及形状有关。为了方便求解纯弯曲梁横截面上的正应力，几种常见横截面对中性轴的惯性矩和抗弯截面模量总结见表 4-4。

表 4-4 几种常见横截面对中性轴的惯性矩和抗弯截面模量

	圆形	矩形	圆环	矩形框
I_z	$\dfrac{\pi d^4}{64}$	$\dfrac{bh^3}{12}$	$\dfrac{\pi D^4}{64}(1-\alpha^4)$	$\dfrac{b_0 h_0^3}{12} - \dfrac{bh^3}{12}$
W_z	$\dfrac{\pi d^3}{32}$	$\dfrac{bh^2}{6}$	$\dfrac{\pi D^3}{32}(1-\alpha^4)$	$\left(\dfrac{b_0 h_0^3}{12} - \dfrac{bh^3}{12}\right)\bigg/\dfrac{h_0}{2}$

表中，$\alpha = d/D$。而对于型钢，可以从各种材料手册中查表得到。

4.4.2 梁的切应力

梁在横力弯曲的情况下，其截面上既有弯矩又有剪力，因此，横力弯曲的梁截面上既有正应力又有切应力。本节详细介绍矩形截面梁切应力推导过程，并对工字形截面梁和圆形截面梁的切应力进行简要介绍。

1. 矩形截面梁

图 4-32(a) 为受到任意载荷作用的矩形截面梁，取出梁上 $m—n$ 和 $m_1—n_1$ 截面之间长度为 $\mathrm{d}x$ 的微段进行研究，如 4-32(b) 所示，为了推导梁截面的切应力表达式，做如下两个假设。

(1) 横截面上各点的切应力方向平行于剪力（即与侧边平行）。
(2) 横截面上与中性轴等距离处的切应力大小相等。

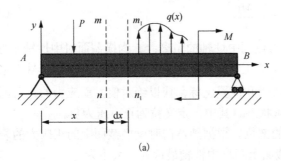
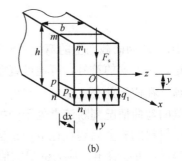

图 4-32 受到任意载荷作用的矩形截面梁

图 4-33(a) 所示，$m—n$ 截面和 $m_1—n_1$ 截面的弯矩分别为 M 和 $M+\mathrm{d}M$，其截面正应力从中性轴至截面两端呈线性分布。再用平行于中性层的纵截面 $p-p_1-q-q_1$ 取出梁的下半部分进行分析，通过积分可求出两截面上的法向内力 $F_{\mathrm{N}1}$ 和 $F_{\mathrm{N}2}$ [图 4-33(b)] 分别为

$$F_{\mathrm{N}1} = \int_{A_1}\sigma\mathrm{d}A = \int_{A_1}\frac{M}{I_z}y_1\mathrm{d}A = \frac{M}{I_z}\int_{A_1}y_1\mathrm{d}A \tag{4-22}$$

$$F_{\mathrm{N}2} = \frac{M+\mathrm{d}M}{I_z}\int_{A_1}y_1\mathrm{d}A \tag{4-23}$$

式中，A_1 为横截面上距离中性轴为 y 的横线以外部分的面积。

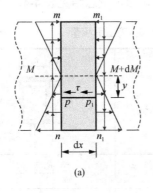
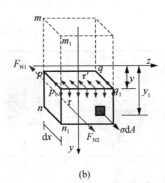

图 4-33 矩形截面梁

纵截面 $p-p_1-q-q_1$ 上的切向内力为

$$\mathrm{d}Q' = \tau'b\mathrm{d}x \tag{4-24}$$

根据 x 方向上力的平衡条件可得

$$\sum X = 0, \quad \frac{M+\mathrm{d}M}{I_z}\int_{A_1}y_1\mathrm{d}A - \frac{M}{I_z}\int_{A_1}y_1\mathrm{d}A - \tau'b\mathrm{d}x = 0 \tag{4-25}$$

化简得

$$\tau' = \frac{dM}{dx}\left(\frac{1}{I_z b}\right)\int_{A_1} y_1 dA = \frac{dM}{dx}\left(\frac{1}{I_z b}\right)S_z^* \tag{4-26}$$

根据弯矩与剪力的微分关系式及剪切互等定理可知

$$\frac{dM}{dx} = F_s \tag{4-27}$$

$$\tau' = \tau \tag{4-28}$$

将式(4-27)和式(4-28)代入式(4-26)可得，矩形截面等直梁在对称弯曲时横截面上任一点处的切应力公式为

$$\tau = \frac{F_s S_z^*}{I_z b} \tag{4-29}$$

式中，F_s 为横截面上的剪力；S_z^* 为横截面上距中性轴为 y 的横线以外部分的面积对中性轴的静矩；I_z 为整个横截面对其中性轴的惯性矩；b 为矩形截面的宽度。

2. 工字形截面梁

首先研究工字形截面梁腹板上的切应力。由于腹板是狭长矩形，因此矩形截面的两个假设依然适用，故可直接由式(4-29)计算：

$$\tau = \frac{F_s S_z^*}{I_z b_0} \tag{4-30}$$

式中，b_0 为腹板厚度(图 4-34)；S_z^* 为距中性轴为 y 的横线以外部分的面积[图 4-34(a)中黑色部分面积]对中性轴的静矩。

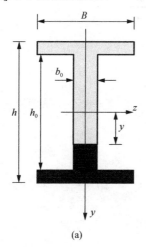
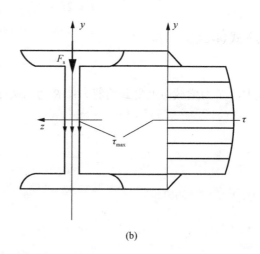

(a)　　　　　　　　　　　　　　(b)

图 4-34　工字梁

与矩形截面的相同，T 形截面腹板上的切应力沿腹板高度按二次抛物线规律变化[图 4-34(b)]，其最大切应力也发生在中性轴上，其值为

$$\tau = \frac{F_s S_{z,\max}^*}{I_z b_0} = \frac{F_s}{I_z b_0}\left[\frac{Bh^2}{8} - (b - b_0)\frac{h_0^2}{8}\right] \tag{4-31}$$

对于工字形截面翼缘上的切应力，其值远小于腹板上的最大值 $\tau_{\max}$，因此，在通常情况下不必计算。

3. 圆形截面

当梁截面为圆形时，其边缘上各点处的切应力方向与圆周相切。如图 4-35 所示，弦 kk' 上两端点 k 和 k' 的切应力作用线相交于点 O'，根据对称性，弦 kk' 中点上的切应力必经 O' 点且与 z 轴垂直，因此可以假设弦 kk' 上切应力的作用线均过点 O'。进一步假设弦 kk' 上各点处的切应力沿 y 方向的分量相等，此时可以运用矩形截面梁的切应力式(4-29)，计算弯曲时横截面上任意一点的切应力。

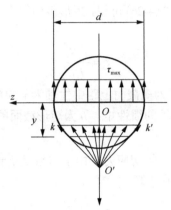

图 4-35 圆截面切应力分布

在中性轴上，切应力达到最大，在式(4-29)中，对于圆形截面梁，有

$$b = 2R, \quad S_z^* = \frac{\pi R^2}{2} \frac{4R}{3\pi}, \quad I_z = \frac{\pi R^4}{4}$$

代入式(4-29)，可得

$$\tau_{\max} = \frac{4F_s}{3\pi R^2} \tag{4-32}$$

式中，F_s 为梁截面上受到的剪力；R 为圆截面半径。

第5章 强度理论

5.1 强度理论概述

为了建立空间应力状态下材料的强度条件,就需要寻求导致材料破坏的规律,关于材料破坏或失效的假设,即为强度理论。

5.1.1 单向应力状态

单向拉伸与压缩变形的强度条件为

$$\sigma = \frac{F_N}{A} \leqslant [\sigma] = \frac{\sigma^o}{n} \tag{5-1}$$

式中,$[\sigma]$ 为许用正应力;σ^o 为极限应力;n 为安全系数。对于塑性屈服,$\sigma^o = \sigma_s$;对于断裂破坏 $\sigma^o = \sigma_b$。

5.1.2 纯剪应力状态

最大切应力小于许用切应力:

$$\tau_{\max} \leqslant \frac{\tau_u}{n} = [\tau] \tag{5-2}$$

对于扭转变形,相应的强度条件为

$$\tau_{\max} = \frac{M}{W} \leqslant [\tau] = \frac{\tau^o}{n} \tag{5-3}$$

其中,$[\tau]$ 为许用剪切正应力;τ^o 为极限切应力;n 为安全系数。对于塑性屈服,$\tau^o = \tau_s$;对于断裂破坏,$\tau^o = \tau_b$。

5.1.3 平面应力状态

弯曲变形,横截面上下边缘点由于处于单向应力状态,强度校核可以通过

$$\sigma_{\max} = \frac{M_{\max}}{W_z} \leqslant [\sigma] \tag{5-4}$$

来建立。中性层处于纯剪切应力状态,强度校核可以通过

$$\tau_{\max} = \frac{F_{s\max} S_{z\max}^*}{I_z b} \leqslant [\tau] \tag{5-5}$$

来建立,其中 $F_{s\max}$ 为最大剪力。而横截面其他位置处于平面应力状态,既存在正应力,又存在切应力,σ 与 τ 之间会相互影响,其强度校核不能简单通过单一应力状态来建立。

$$\sigma_{\max} \leqslant [\sigma], \quad \tau_{\max} \leqslant [\tau] \tag{5-6}$$

那么,复杂应力状态下的强度条件怎样建立?开展所有应力状况下的实验显然无穷尽,不现实。在强度理论的发展过程中,达·芬奇(1452—1519年),伽利略(1564—1642年),埃

德姆·马略特(1620—1684 年)，库仑(1736—1806 年)和麦克斯韦(1831—1879 年)做出了重要贡献。学者们观察和研究了大量各种类型的材料在不同受力条件下的破坏情况，根据对材料破坏现象的分析，并通过对这些现象的判断、推理和概括提出了各种各样的假说，认为材料某一类型的破坏是由某种因素所引起的，然后对这些假设进行实践检验、修正，使其和实际情况相符合，分析其极限条件，从而建立强度条件。常温、静载时材料的破坏或者失效一般有两种形式。

(1)**脆性断裂型**(fracture failure)：断裂在没有明显变形情况下突然发生，所以称为脆性断裂；如泰坦尼克号豪华邮轮沉入大海；铸铁的拉伸、扭转破坏；低碳钢在三向拉应力状态下的断裂破坏。

(2)**塑性屈服型**(yielding failure)：材料出现显著的塑性变形而丧失其正常的工作能力。例如，交通事故中的被撞汽车发生严重变形，低碳钢的拉伸、扭转变形，三向压缩应力状态下铸铁。

低碳钢虽然为塑性材料，但是其在三向拉应力状态下会发生断裂破坏；铸铁虽然为脆性材料，但是在三向压缩载荷下的破坏形式却是塑性屈服。由此可见，材料破坏的形式不仅与材料有关，还与应力状态有关。

针对上述两种破坏形式，认为不论材料处于何种应力状态，不论破坏的表面现象如何复杂，某种类型的破坏都是由同一因素引起，针对它们发生破坏的原因提出假说，此即为强度理论，目前所提出的强度理论主要分为以下四种。

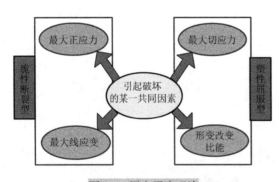

图 5-1 四大强度理论

如图 5-1 所示，引起材料发生破坏的因素可以分为四种：①最大正应力；②最大线应变；③最大切应力；④形状改变比能。其中前两种因素为引起脆性断裂的主要因素，后两种因素为引起塑性屈服的重要因素。

5.2 梁的强度校核有限元模拟

5.2.1 问题描述

T 形截面铸铁梁的载荷和截面尺寸如图 5-2 所示。铸铁的抗拉许用应力为$[\sigma_t]$=30MPa，抗压许用应力为$[\sigma_c]$=160MPa。已知截面对形心轴 z 的惯性矩为 $I_z = 7630000 \text{mm}^4$，且 $|y_1| = 52\text{mm}$。试求校核梁的强度。

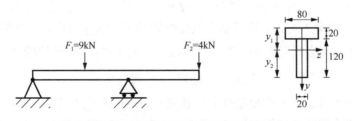

图 5-2 T 形截面铸铁梁的载荷和截面尺寸

5.2.2 有限元分析

5-1 金属材料梁强度校核

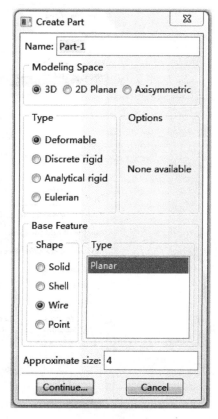

图 5-3 创建部件

(1) 启动 ABAQUS/CAE，选择模块列表下的 Part 功能模块。创建部件：选择左侧工具栏的 Create Part 工具，或单击工具栏中的 ，弹出对话框，再选择 3D→Deformable→Solid→Wire，Approximate size 设为 4，如图 5-3 所示。

(2) 选择绘图工具箱中的画线工具 ，依次单击坐标为(-1,0)、(0,0)、(1,0)、(2,0) 创建一条线，因为这里对铸铁梁的模拟采用的是 beam 单元，因此梁的模型就是一条线，后面定义梁截面就可以了。上述的四个点是后面要施加载荷或边界条件的地方，单击鼠标中键，退出画线操作。梁的几何模型如图 5-4 所示。

(3) 进入 Property 模块，定义材料属性和截面：首先创建一个材料，单击 ，选择弹性，输入弹性模量 $E=120000000000$，泊松比 $\nu=0.25$，单击 OK，如图 5-5 所示。接着单击 Create Profile，选择 Shape 为 T，单击 Continue，输入截面的尺寸，单击 OK，如图 5-6 和图 5-7 所示。

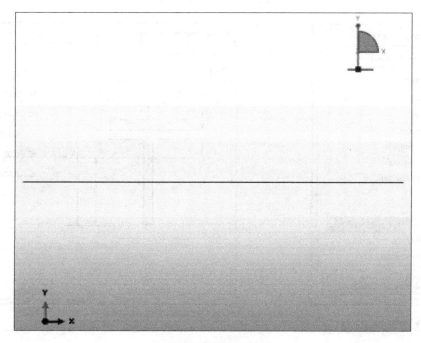

图 5-4 梁的几何模型

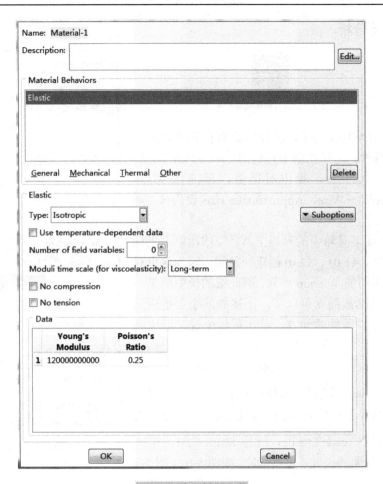

图 5-5 输入材料参数

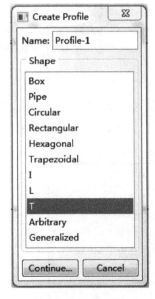

图 5-6 选择截面形状

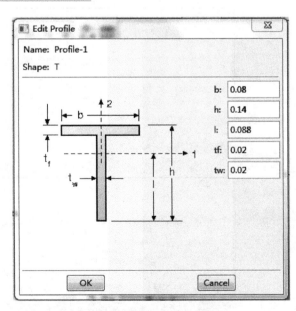

图 5-7 设置截面参数

(4) 创建梁的截面,选择 Category 为 Beam,选择 Type 为 Beam,单击 Continue,如图 5-8

所示。进入 Edit Beam Section，保持默认，如图 5-9 所示。

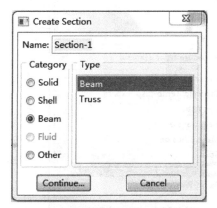

图 5-8 定义截面种类

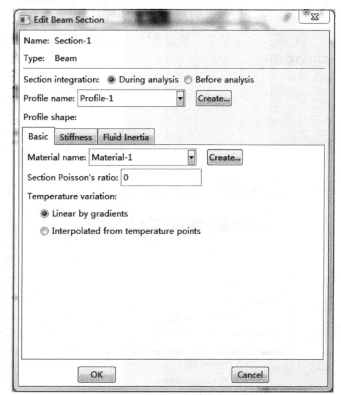

图 5-9 编辑梁截面

(5) 将所创建的截面赋予几何模型，单击 Assign Section，框中界面内的所有直线，单击鼠标中键确定或单击 Done，弹出对话框如图 5-10 所示，保持默认，单击 OK。

(6) 单击 定义梁的方向，用方框选中模型中所有直线，单击鼠标中键确定，输入 (0,0,1) 或 (0,0,-1)，如图 5-11 所示。

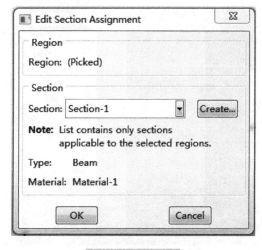

图 5-10 分配截面

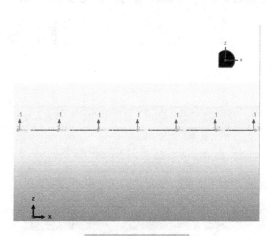

图 5-11 定义梁方向

(7) 进入 Assembly 模块进行组装，单击 ，弹出对话框如图 5-12 所示，选择 Independent(mesh on instance) 来生成实体。

(8) 进入 Step 模块，单击 ，弹出对话框，如图 5-13 所示，单击 Continue，保持默认，单击 OK 即可。

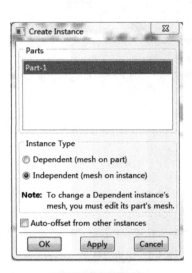 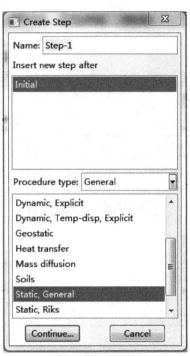

图 5-12　生成实体　　　　　　　　　图 5-13　选择分析类型

(9) 进入 Load 模块，单击 施加边界条件，在点 $(-1,0)$ 处约束三个方向的自由度，在点 $(1,0)$ 处约束 y 方向自由度，如图 5-14 所示。

(10) 单击 施加载荷，选择集中力，在点 $(0,0)$ 上施加 y 方向 -9000N 的力，在点 $(2,0)$ 处施加 y 方向 -4000N 的力，如图 5-15 所示。

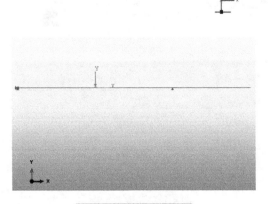 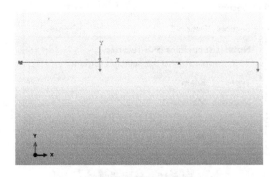

图 5-14　施加边界条件　　　　　　　图 5-15　施加力载荷

(11) 进入 Mesh 模块进行网格划分，单击 ![icon] 设置网格尺寸，如图 5-16 示，单击 ![icon] 划分网格，其他保持默认即可。

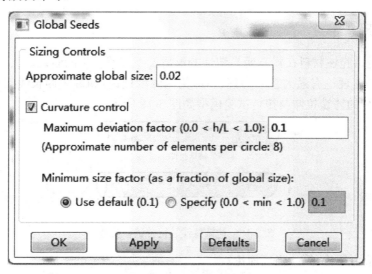

图 5-16 设置网格尺寸

这样整个有限元模型就建好了，进入 Job 模块进行求解，得到最终的求解结果。值得一提的是：使用 Beam 单元来进行模拟分析时，最终应力结果只能输出 S11，这里 S11 表示梁单元的弯曲应力，即局部坐标系下梁截面上的正应力。无论 ABAQUS 还是 ANSYS，使用 Beam 单元都有一个基本前提，即正应力是最主要的，而剪应力可以忽略，这就使得 Mises 应力与 S11 在数值上完全相同。

铸铁梁的应力云图如图 5-17 所示。从应力云图可以看出，最大应力发生在移动角支座处，并且此处截面上端受最大拉应力，大小为 28.70MPa，小于铸铁的抗拉许用应力。在 F_1 处截面的下端受最大压应力，大小为 46.15MPa，小于铸铁的抗压许用应力。

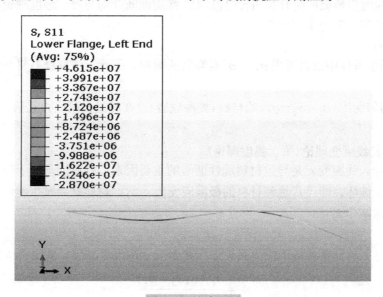

图 5-17 应力云图

5.3 强度理论

5.3.1 脆性断裂

脆性断裂是指脆性材料在没有明显塑性变形情况下突然发生的断裂,其断面较粗糙。描述脆性断裂的强度理论有最大拉应力理论(即第一强度理论)和最大伸长线应变理论(即第二强度理论)。典型的铸铁拉伸及扭转试验模型如图 5-18 所示。

图 5-18 铸铁拉伸及扭转试验模型

1. 最大正应力理论(第一强度理论)

最大正应力理论最早由伽利略提出,距今已有三百多年历史。该理论假设最大拉应力 σ_1 是材料脆性断裂的主要因素,不论在什么样的应力状态下,只要三个主应力中的最大拉应力 σ_1 达到极限应力 σ_u,材料就会发生脆性断裂,即破坏条件为

$$\sigma_1 = \sigma_u \tag{5-7}$$

式中,应力 σ_u 可通过单向拉伸试样发生脆性断裂的实验来确定。将式中右边部分除以安全系数 n 即可得到许用应力 $[\sigma]$,进而得第一强度理论条件为

$$\sigma_1 \leqslant [\sigma] = \frac{\sigma_u}{n} \tag{5-8}$$

1)实验验证

铸铁在单拉时沿横截面断开和扭转时沿 45°螺旋面断开均与第一强度理论相符;平面应力状态下的破坏和该理论基本相符。

2)存在问题

(1) 由于强度条件中没有考虑 σ_2、σ_3 对脆断的影响,因此无法解释石料单压时的纵向开裂现象。

(2) 三向均匀受压($\sigma_1 = \sigma_2 = \sigma_3$)的材料(如海底岩石)在超过极限应力几倍、十几倍也不发生破坏。

2. 最大伸长线应变理论(第二强度理论)

假设最大伸长线应变 ε_1 是导致材料脆性断裂的主要因素,材料沿垂直于最大伸长线应变方向的平面发生破坏。即当 ε_1 达到材料的极限应变值 ε_u 时,材料就会发生脆性断裂。脆性断裂发生时的破坏条件为

$$\varepsilon_1 = \varepsilon_u \tag{5-9}$$

为统一起见,将此条件改用应力来表示。其中,ε_1 可由广义胡克定律表达为

$$\varepsilon_1 = \frac{\sigma_1 - \nu(\sigma_2 + \sigma_3)}{E} \tag{5-10}$$

材料发生脆性断裂之前可近似看成线弹性,极限应变值 ε_u 可通单向拉伸实验,根据胡克

定律确定为

$$\varepsilon_u = \frac{\sigma_u}{E} \tag{5-11}$$

综合式(5-9)~式(5-11)可得断裂条件为

$$\frac{\sigma_1 - \nu(\sigma_2 + \sigma_3)}{E} = \frac{\sigma_u}{E} \tag{5-12}$$

即

$$\sigma_1 - \nu(\sigma_2 + \sigma_3) = \sigma_u \tag{5-13}$$

引入安全系数 n 可得许用应力 $[\sigma]$，第二强度理论的条件为

$$\sigma_1 - \nu(\sigma_2 + \sigma_3) \leqslant [\sigma] = \frac{\sigma_u}{n} \tag{5-14}$$

1) 实验验证

最大拉应力理论适用于脆性材料以拉应力为主的情况，而最大伸长线应变理论适用于脆性材料以压应力为主的情况。石料单压时的纵向开裂现象可以很好地通过第二强度理论进行解释。

2) 存在问题

(1) 根据此理论，二向、三向受拉应力状态比单向应力状态更安全，但该推论与实验结果不符。

(2) 仍然无法解释三向均匀受压不易破坏这一现象。

5.3.2 塑性屈服

塑性屈服是指材料在破坏失效前会有明显的塑性变形。其破坏主要是由剪应力导致的，因此断面多发生在最大剪应力面，且其破坏断面较光滑。主要的强度理论：最大切应力理论(即第三强度理论)和最大畸变能理论(即第四强度理论)。

1. 最大切应力理论(第三强度理论)

假设最大切应力 τ_{max} 是导致材料塑性屈服的主要因素。当构件内一点的最大切应力 τ_{max} 达到材料屈服极限值 τ_u 时，该点发生屈服。因此，发生屈服时的破坏条件为

$$\tau_{max} = \tau_u \tag{5-15}$$

式中，最大切应力 τ_{max} 可由应力状态的最大、最小主应力得到：

$$\tau_{max} = \frac{\sigma_1 - \sigma_3}{2} \tag{5-16}$$

而极限切应力 τ_u 可由单向拉伸实验测得。单向拉伸时，$\sigma_1 = \sigma_s$，$\sigma_3 = 0$，则

$$\tau_u = \frac{\sigma_s}{2} \tag{5-17}$$

结合式(5-15)~式(5-17)可得最大切应力理论的屈服条件为

$$\sigma_1 - \sigma_3 = \sigma_s \tag{5-18}$$

引入安全系数 n_s 可得许用应力 $[\sigma]$，则可以得到最大切应力理论的强度条件为

$$\sigma_1 - \sigma_3 \leqslant [\sigma] = \frac{\sigma_s}{n_s} \tag{5-19}$$

1) 实验验证

(1) 对于塑性材料的屈服破坏能有较好的解释，很好地解释了塑性材料单向拉伸时滑移

线出现在最大切应力所在的 45°斜截面，扭转时沿横截面发生破坏。

(2)三向均匀受压（$\sigma_1 = \sigma_2 = \sigma_3 < 0$）时，$\tau_{max} = 0$，材料极不容易破坏。

2)存在问题

这个理论没有考虑 σ_2 的影响，显然是个缺陷。导致无法解释三向均匀受拉（$\sigma_1 = \sigma_2 = \sigma_3 > 0$）的情况下可能发生断裂的现象。

2. 最大畸变能理论（第四强度理论）

以上三个强度理论是 17 世纪提出来的，因此称为古典三理论。第四强度理论在 19 世纪得以发展，假设最大畸变能，即材料形状改变能密度 v_d 是导致材料屈服的主要因素。即当构件内一点的最大畸变能达到材料屈服极限值 v_{du} 时，该点开始屈服。因此，发生屈服时，有

$$v_d = v_{du} \tag{5-20}$$

材料的形状改变能密度 v_d 的计算公式为

$$v_d = \frac{1+\nu}{6E}\left[(\sigma_1 - \sigma_2)^2 + (\sigma_2 - \sigma_3)^2 + (\sigma_3 - \sigma_1)^2\right] \tag{5-21}$$

而塑性材料在拉伸实验时正应力达到 σ_s 时就会出现屈服，因此可以用拉伸实验来确定 v_{du}。此时，三个主应力分别为 $\sigma_1 = \sigma_s$，$\sigma_2 = \sigma_3 = 0$，将其代入式(5-21)，可得

$$v_{du} = \frac{1+\nu}{6E}2\sigma_s^2 \tag{5-22}$$

综合式(5-20)～式(5-22)可得最大畸变能理论屈服条件为

$$(\sigma_1 - \sigma_2)^2 + (\sigma_2 - \sigma_3)^2 + (\sigma_3 - \sigma_1)^2 = 2\sigma_s^2 \tag{5-23}$$

即

$$\sqrt{\frac{1}{2}\left[(\sigma_1 - \sigma_2)^2 + (\sigma_2 - \sigma_3)^2 + (\sigma_3 - \sigma_1)^2\right]} = \sigma_s \tag{5-24}$$

引入安全系数 n_s 得许用应力 $[\sigma]$，则可得到最大畸变能理论的强度条件为

$$\sqrt{\frac{1}{2}\left[(\sigma_1 - \sigma_2)^2 + (\sigma_2 - \sigma_3)^2 + (\sigma_3 - \sigma_1)^2\right]} \leqslant [\sigma] = \frac{\sigma_s}{n_s} \tag{5-25}$$

实验表明，对于塑性材料，最大畸变能理论比最大切应力理论更加符合实验的结果。

1)实验验证

(1)在二向应力状态下，第四强度理论比第三强度理论更接近实验结果。但由于最大切应力理论偏于安全，且其较为简便，故在工程实践中应用较为广泛。

(2)三向均匀受压（$\sigma_1 = \sigma_2 = \sigma_3 < 0$）时，材料极不容易破坏。

2)存在问题

三向均匀受拉（$\sigma_1 = \sigma_2 = \sigma_3 > 0$）的情况下可能发生断裂。

5.3.3 强度理论的统一形式

按四个强度理论所建立的强度条件，可写成统一的形式：

$$\sigma_r \leqslant [\sigma] \tag{5-26}$$

式中，σ_r 为根据不同的强度理论得到的构件危险点的三个主应力组合。而这种组合 σ_r 与单轴拉伸时的拉应力在安全程度上是相当的，故称为相当应力。因此，可以归纳如表 5-1 所示。

表 5-1 四个强度理论

相当应力	强度理论
$\sigma_{r,1} = \sigma_1 \leq [\sigma]$	第一强度理论
$\sigma_{r,2} = \sigma_1 - \nu(\sigma_2 + \sigma_3) \leq [\sigma]$	第二强度理论
$\sigma_{r,3} = \sigma_1 - \sigma_3 \leq [\sigma]$	第三强度理论
$\sigma_{r,4} = \sqrt{\dfrac{1}{2}\left[(\sigma_1-\sigma_2)^2 + (\sigma_2-\sigma_3)^2 + (\sigma_3-\sigma_1)^2\right]} \leq [\sigma]$	第四强度理论

以上介绍的四大强度理论仅适用于常温、静载条件下的均匀、连续、各向同性的材料。一般来说，第一、二强度理论用于脆性材料；第三、四强度理论用于塑性材料。对于强度理论的具体选用，通常有下面的原则。

(1) 不论塑性还是脆性材料，在三向拉应力状态都发生脆性断裂时，宜采用第一强度理论。

(2) 对于脆性材料，在二向拉应力状态下宜采用第一强度理论。

(3) 对塑性材料，除三向拉应力状态外都会发生屈服，宜采用第三或第四强度理论。

(4) 不论塑性还是脆性材料，在三向压应力状态都发生屈服失效时，宜采用第四强度理论。

第 6 章 组合变形

6.1 组合变形概述

在工程实际中，构件在载荷作用下往往发生两种或两种以上的基本变形。若其中有一种变形是主要的，其余变形所引起的应力(或变形)很小，则构件可按主要的基本变形进行计算，但若几种变形所对应的应力(或变形)属于同一数量级，则构件的变形称为组合变形。例如，图 6-1 所示的皮带轮轴就会发生弯扭组合变形。

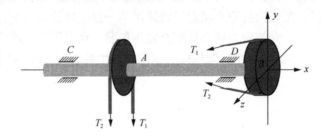

图 6-1 皮带轮轴示意图

对于组合变形下的构件，在线弹性、小变形的条件下，可按构件的原始形状和尺寸进行计算。因而可以先将载荷简化为符合基本变形外力作用条件的外力系，分别计算构件在每一种基本变形下的内力、应力和变形。然后利用叠加原理综合考虑基本变形的组合情况。

6.2 薄壁圆筒弯扭组合变形实验

1. 实验目的
(1)用电测法测定平面应力状态下主应力的大小及方向。
(2)测定薄壁圆管在弯扭组合变形作用下，分别由弯矩、剪力和扭矩所引起的应力。

2. 实验仪器和设备
(1)弯扭组合实验装置。
(2)YJ-4501A/SZ 静态数字电阻应变仪。

3. 实验原理
薄壁圆管受力简图如图 6-2 所示。薄壁圆管在载荷 P 作用下产生弯扭组合变形。

薄壁圆管材料为铝合金，其弹性模量 E 为 72GPa，泊松比 ν 为 0.33。薄壁圆管截面尺寸如图 6-2 所示。由材料力学分析可知，该截面上的内力有弯矩、剪力和扭矩。Ⅰ-Ⅰ截面现有 A、B、C、D 四个测点，其应力状态如图 6-3 所示。每点处已按-45°、0°、+45°方向粘贴一枚三轴 45°应变花，如图 6-4 所示。

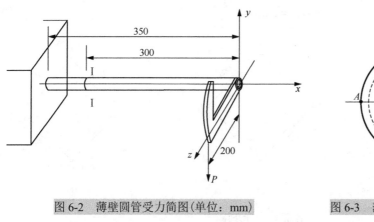
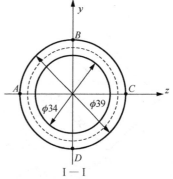

图 6-2 薄壁圆管受力简图（单位：mm）　　图 6-3 薄壁圆管截面尺寸（单位：mm）

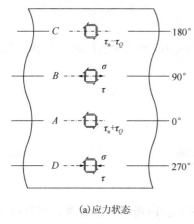
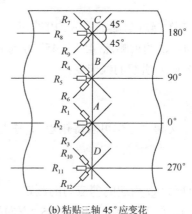

(a) 应力状态　　　　　　　　　　　(b) 粘贴三轴 45° 应变花

图 6-4 四点应力状态和应变片的粘贴

1) 指定点的主应力大小和方向的测定

薄壁圆管 A、B、C、D 四个测点，其表面都处于平面应力状态，用应变花测出三个方向的线应变，然后运用应变-应力换算关系求出主应力的大小和方向。若测得应变 $\varepsilon_{-45°}$、$\varepsilon_{0°}$、$\varepsilon_{45°}$，则主应力大小的计算公式为

$$\left.\begin{array}{r}\sigma_1 \\ \sigma_2\end{array}\right\} = \frac{E}{1-v^2}\left[\frac{1+v}{2}(\varepsilon_{-45°}+\varepsilon_{45°}) \pm \frac{1-v}{\sqrt{2}}\sqrt{(\varepsilon_{-45°}-\varepsilon_{0°})^2+(\varepsilon_{45°}-\varepsilon_{0°})^2}\right] \quad (6\text{-}1)$$

主应力方向计算公式为

$$\tan(2\alpha) = \frac{\varepsilon_{45°}+\varepsilon_{-45°}}{2\varepsilon_{0°}-\varepsilon_{45°}-\varepsilon_{-45°}} \quad (6\text{-}2)$$

2) 弯矩、剪力、扭矩所分别引起的应力测定

(1) 弯矩 M 引起的正应力的测定。

只需用 B、D 两测点 0° 方向的应变片组成图 6-5(a) 所示的半桥线路，就可测得弯矩 M 引起的正应变：

$$\varepsilon_M = \frac{\varepsilon_{Md}}{2} \quad (6\text{-}3)$$

然后由胡克定律可求得弯矩 M 引起的正应力：

$$\sigma_M = E\varepsilon_M = \frac{E\varepsilon_{Md}}{2} \tag{6-4}$$

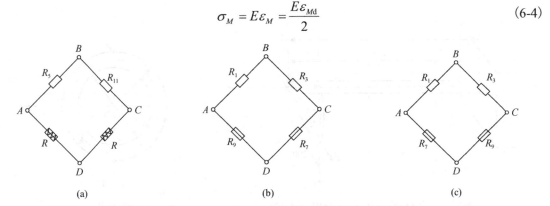

图 6-5 全桥线路

(2) 扭矩 M_n 引起的剪应力的测定。

用 A、C 两被测点 -45°、45° 方向的应变片组成图 6-5(b)所示全桥线路,可测得扭矩 M_n 在 45°方向所引起的线应变:

$$\varepsilon_{Mn} = \frac{\varepsilon_{Mnd}}{4} \tag{6-5}$$

由广义胡克定律可求得扭矩 M_n 引起的剪应力:

$$\tau_{Mn} = \frac{E\varepsilon_{Mnd}}{4(1+\nu)} = \frac{G\varepsilon_{Mnd}}{2} \tag{6-6}$$

(3) 剪力 Q 引起的剪应力的测定。

用 A、C 两被测点 -45°、45° 方向的应变片组成图 6-5(c)所示全桥线路,可测得剪力 Q 在 45°方向所引起的线应变:

$$\varepsilon_Q = \frac{\varepsilon_{Q_d}}{4} \tag{6-7}$$

由广义胡克定律可求得剪力 Q 引起的剪应力:

$$\tau_Q = \frac{E\varepsilon_{Q_d}}{4(1+\mu)} = \frac{G\varepsilon_{Q_d}}{2} \tag{6-8}$$

4. 实验步骤

(1) 接通测力仪电源,将测力仪开关置开。

(2) 将薄壁圆管上 A、B、C、D 各点的应变片按单臂(多点)半桥测量接线方法接至应变仪测量通道上。

(3) 预加 50N 初始载荷,将应变仪各测量通道置零;分级加载,每级 100N,加至 450N,记录各级载荷作用下应变片的读数应变,然后卸去载荷。

(4) 按图 6-5 各种组桥方式,重复实验步骤(3),分别完成弯矩、扭矩、剪力所引起应变的测定。

5. 实验数据及结果处理

通过将实验测得的 A,B 两个测点的数据填写到表 6-1 中,将实验测得的 C、D 两个测点的数据填写到表 6-2 中,将弯矩、扭矩和剪力所引起的应变测量值填写到表 6-3 中,通过计算将得到的主应力和主方向填写到表 6-4 中。

表 6-1 实验数据 1

载荷		A						B				
	应变	$-45°(R_1)$		$0°(R_2)$		$45°(R_3)$		$-45°(R_4)$		$0°(R_5)$		$45°(R_6)$	
P/N	ΔP/N	ε	$\Delta\varepsilon$	ε	$\Delta\varepsilon$	ε	$\Delta\varepsilon$	ε	$\Delta\varepsilon$	ε	$\Delta\varepsilon$	ε	$\Delta\varepsilon$
50													
	100												
150													
	100												
250													
	100												
350													
	100												
450													
$\Delta\bar{\varepsilon}$													

表 6-2 实验数据 2

载荷		C						D				
	应变	$-45°(R_7)$		$0°(R_8)$		$45°(R_9)$		$-45°(R_{10})$		$0°(R_{11})$		$45°(R_{12})$	
P/N	ΔP/N	ε	$\Delta\varepsilon$	ε	$\Delta\varepsilon$	ε	$\Delta\varepsilon$	ε	$\Delta\varepsilon$	ε	$\Delta\varepsilon$	ε	$\Delta\varepsilon$
50													
	100												
150													
	100												
250													
	100												
350													
	100												
450													
$\Delta\bar{\varepsilon}$													

表 6-3 实验数据 3

载荷		弯矩(M)		扭矩(M_n)		剪力(Q)	
P/N	ΔP/N	ε_{Md}	$\Delta\varepsilon_{Md}$	ε_{Mnd}	$\Delta\varepsilon_{Mnd}$	ε_{Qd}	$\Delta\varepsilon_{Qd}$
50							
	100						
150							
	100						
250							
	100						
350							
	100						
450							
$\Delta\bar{\varepsilon}$							
应力σ		σ_M		τ_n		τ_Q	

表 6-4 实验数据 4

应力＼测点	A	B	C	D
σ_1				
σ_2				
α				

6.3 薄壁圆筒拉扭(压扭)组合有限元模拟

6.3.1 问题描述

在实际工程中，构件的受力情况往往不止一种，通常受力构件发生两种或两种以上的变形。此时分两种情况：若存在一种主要变形比较明显，其余载荷引起的变形为小变形，则以主要变形来分析；而如果不同载荷引起的变形在同一数量级，则需要同时考虑，此时构件变形就称为组合变形，在线弹性、小变形情况下我们可以利用叠加原理进行理论分析计算。

本节对构件在拉、扭两种载荷下的应力应变情况进行模拟。

6.3.2 拉扭模型与相关参数

拉扭模型如图 6-6 所示，材料参数见表 6-5。

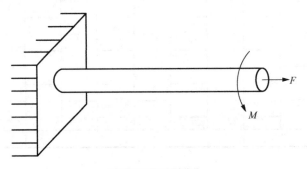

图 6-6 拉扭模型

表 6-5 材料参数

弹性模量 E/MPa	泊松比 ν
210000	0.3

6.3.3 有限元分析

6-1 拉扭组合变形

1)有限元建模

(1)选择模块列表 Module 中的 Part 功能模块，建立建模。选择左侧工具中的 Create Part 工具，弹出对话框，依次选择 3D→Deformable→Solid→Extrusion，其余参数不变，如图 6-7 所示。

(2)完成圆筒部件的创建，模型如图 6-8 所示。

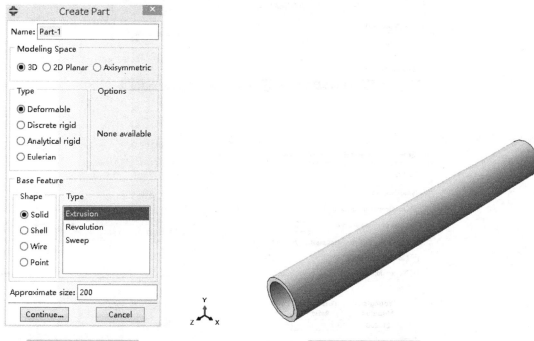

图 6-7 选择模型类型　　　　图 6-8 创建圆筒模型

2)装配部件

选择 Module 列表中 Assembly(装配)模块,单击 Instance Part 弹出 Create Instance,使用默认属性 Dependent(mesh on part),单击 OK 确认导入圆筒,如图 6-9 所示。

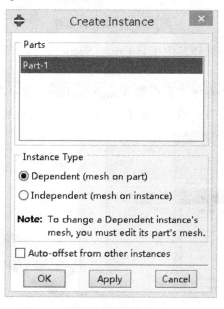

图 6-9 装配部件

3)设置材料和截面特征

(1)定义材料参数,在 Module 列表中选择 Property(参数)子模块,选择 Mechanical→Elasticity→Elastic 设置弹性模量和泊松比,如图 6-10 所示。

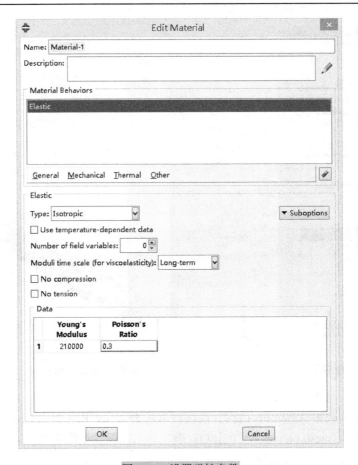

图 6-10　设置弹性参数

(2) 创建截面特性，单击选择左侧工具 Create Section，弹出对话框，单击 Continue，保持默认参数，如图 6-11 所示。

(3) 分配截面特性，单击左侧工具中的 Assign Section，选中视图区模型，单击鼠标中键，弹出 Edit Section Assignment 对话框，单击 OK 确认，赋予部件特性，如图 6-12 所示。

图 6-11　创建 Create Section

图 6-12　赋予部件特性

4) 设置分析步

(1) 选择 Module 列表中的 Step 子模块，选择分析类型 Static,General，单击 Continue，如图 6-13 所示。

图 6-13　设置分析步

(2) 在弹出的对话框中设置参数，选择默认参数，单击 OK 确认，如图 6-14 所示。

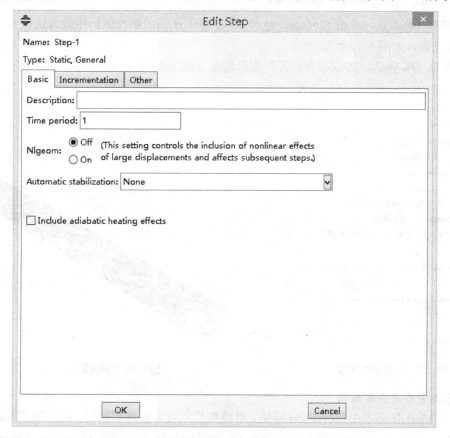

图 6-14　设置分析步参数

5) 设置耦合

(1) 单击主菜单 Tools，选择下拉菜单中的 Reference Point 工具，创建参考点 RP-1，如图 6-15 所示。

(2) 在 Module 列表中选择 Interaction 子模块，单击左侧工具栏中 Create Constraint，弹出对话框选择 Coupling 设置耦合，如图 6-16 所示。

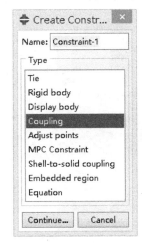

图 6-15　建立参考点　　　　　　　　　　图 6-16　设置耦合

(3) 选择 RP-1 点，单击 Surface，选择 RP-1 点所在面，单击鼠标中键确认，弹出对话框使用默认设置，如图 6-17 所示。

(4) 单击 OK 确认，完成耦合。最终耦合情况如图 6-18 所示。

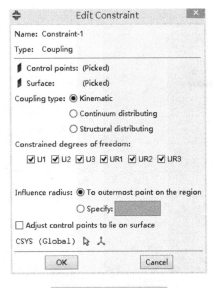

图 6-17　设置耦合参数　　　　　　　　　　图 6-18　耦合情况

6) 施加边界条件和载荷

(1) 在 Module 列表中选择 Load 模块，对模型施加边界条件和载荷。在左侧工具栏中选择 Create Boundary Condition，然后在 Types for Selected Step 中选择 Symmetry/Antisymmetry/Encastre 类型，创建初始边界条件，单击 Continue，如图 6-19 所示。

(2) 设置圆筒约束端边界条件为 ENCASTRE（全约束），如图 6-20 所示。

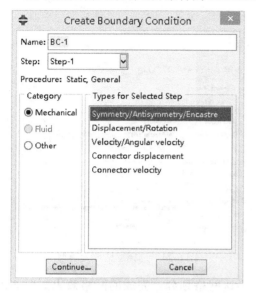

图 6-19 创建边界条件

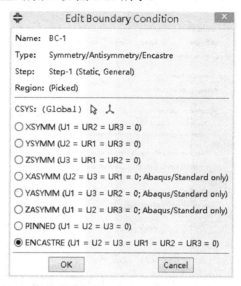

图 6-20 选择边界

(3) 单击左侧工具栏中 Create Load，在 Types for Selected Step 中选择 Concentrated Force（集中力），弹出 Edit Load 对话框，在 RP-1 施加作用力，如图 6-21 和图 6-22 所示。

图 6-21 施加力和力矩载荷　　　　　　图 6-22 施加载荷结果

7) 划分网格

(1) 为了便于划分网格，做如下工作。在主菜单 Tools 工具中选择 Partition 工具，将模型分割选择 By size，设置网格尺寸，相关参数如图 6-23 所示。

(2) 打开 Mesh Controls 界面，对网格进行控制，选择 Hex-dominated 类型，如图 6-24 所示。

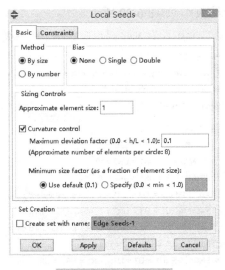
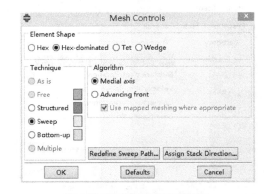

图 6-23　设置网格尺寸　　　　　图 6-24　选择网格单元类型

(3) 单击左侧工具栏中 Mesh Part Instance，确认网格划分。完成的网格效果如图 6-25 所示。

8) 运行分析，提交作业

(1) 在 Module 列表中选择 Job 子功能模块，单击左侧工具栏选择 Create Job 弹出对话框设置新的求解，单击 Continue，如图 6-26 所示。

图 6-25　网格效果　　　　　图 6-26　Creat Job 对话框

(2) 单击 Submit 提交作业，图 6-27 所示。

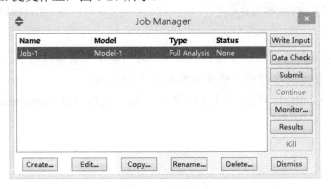

图 6-27　提交作业

(3) 当对话框中 Status 依次变化为 Submitted→Running→Completed 时，进入 Visualization（后处理）模块，长按左侧工具 Plot Contours on Deformed Shape，弹出拉伸条，选择 Plot Contours on Both shapes，显示应力云图，如图 6-28 所示。

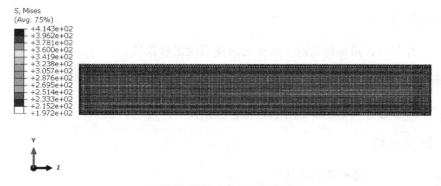

图 6-28　显示等效应力云图

(4) 进入 Path 工具，新建路径，重新选取沿筒壁路径，如图 6-29 所示。

图 6-29　创建路径

(5) 单击进入 Create XY Data 工具，调取路径上的应力曲线图，如图 6-30 所示。

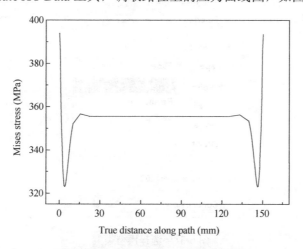

图 6-30　等效应力沿路径的变化曲线

结论：由应力云图和 XY 曲线图可得出结论：在施加以上载荷条件下，圆筒发生拉扭组合变形，应力叠加下，圆筒上应力基本相等，在圆筒的两端应力减少，根据圣维南原理可以得到解释。

6.4 薄壁圆筒弯扭组合有限元模拟

6.4.1 问题描述

本节对构件在弯、扭两种载荷下的应力应变情况进行模拟。

6.4.2 弯扭模型与相关参数

弯扭模型和参数分别如图 6-2 所示和表 6-5 所示。

6.4.3 有限元分析

6-2 弯扭组合变形

1) 有限元建模

(1) 选择模块列表 Module 中 Part 功能模块，建立建模。选择左侧工具中的 Create Part 工具，弹出对话框，选择 3D→Deformable→Solid→Extrusion，其余参数不变，如图 6-31 所示。

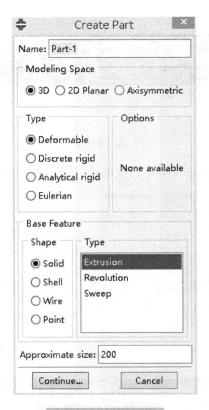

图 6-31 选择模型类型

(2) 可将模型分为两个部件，先完成圆筒部件的创建。模型如图 6-32 所示。

(3)完成悬臂部件的创建,设置部件厚度为 2,模型如图 6-33 所示。

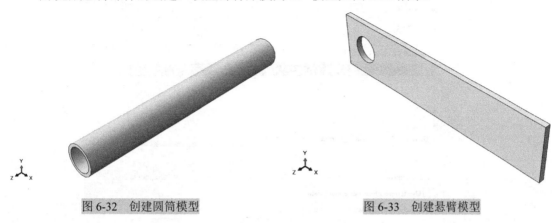

图 6-32　创建圆筒模型　　　　　　　图 6-33　创建悬臂模型

2)装配部件

选择 Module 列表中 Assembly(装配)模块,单击 Instance Part,弹出 Create instance,使用默认属性 Dependent(mesh on part),单击 OK,导入圆筒;选择悬臂部件进行装配,同理使用默认属性 Dependent(mesh on part),导入部件。将两部件平移到合适位置,选择左侧工具 Merge/cut instances,在视图区选择两部件将其合并为新部件,如图 6-34 和图 6-35 所示。

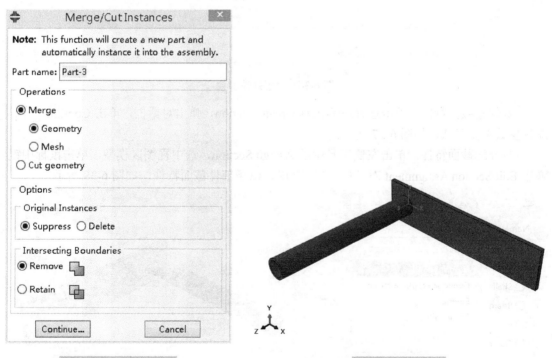

图 6-34　设置装配部件　　　　　　　图 6-35　装配部件

3)设置材料和截面特征

(1)定义材料参数,在 Module 列表中选择 Property(参数)子模块,选择 Mechanical→Elasticity→Elastic 设置弹性模量和泊松比,如图 6-36 所示。

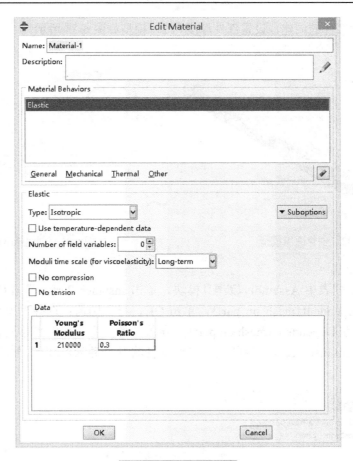

图 6-36 设置弹性参数

(2) 创建截面特性，单击选择左侧工具 Create Section，弹出对话框，单击 Continue，保持默认参数不变确认，如图 6-37 所示。

(3) 分配截面特性，单击左侧工具中的 Assign Section，选中视图区模型，单击鼠标中键，弹出 Edit Section Assignment 对话框，单击 OK，赋予部件截面特性，如图 6-38 所示。

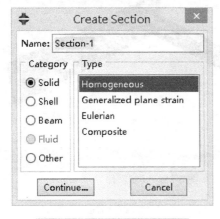

图 6-37 Create Section 对话框

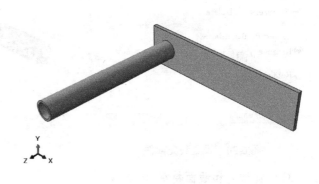

图 6-38 赋予部件特性

4) 设置分析步

(1) 选择 Module 列表中 Step 子模块，选择 Static，General 分析种类，单击 Continue，

如图 6-39 所示。

(2) 在弹出的对话框中设置参数，选择默认参数，单击 OK 确认，如图 6-40 所示。

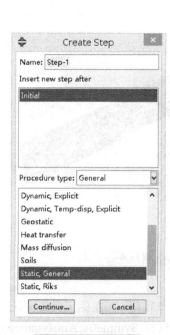

图 6-39　设置分析步

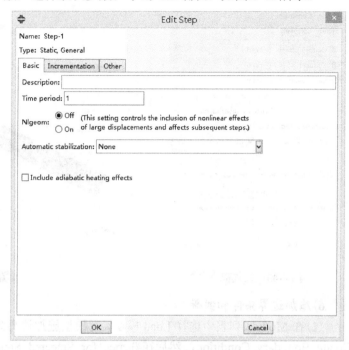

图 6-40　设置分析步参数

5) 设置耦合

(1) 单击主菜单 Tools，选择下拉菜单中的 Reference Point 工具，创建参考点 RP-1，如图 6-41 所示。

(2) 在 Module 列表中选择 Interaction 子模块，单击左侧工具栏中 Create Constraint，在弹出的对话框中选择 Coupling 设置耦合，如图 6-42 所示。

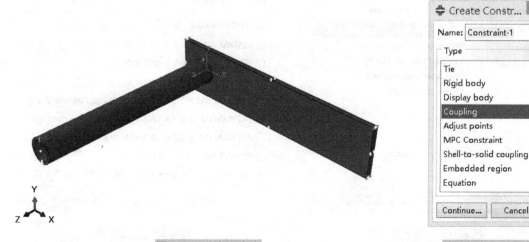

图 6-41　建立参考点　　　　　　　　图 6-42　设置耦合

(3) 选择 RP-1 点，单击选项 Surface，选择与 RP-1 点耦合的面，单击鼠标中键确认，在弹出对话框中使用默认设置，如图 6-43 所示。

(4) 单击 OK 确认，完成耦合。最终耦合情况如图 6-44 所示。

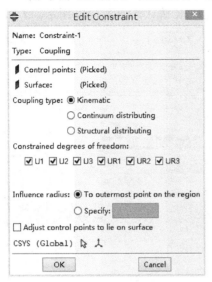

图 6-43 设置耦合参数

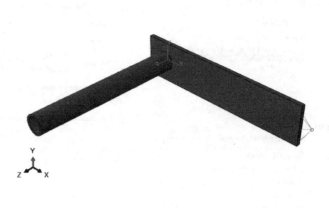

图 6-44 耦合情况

6) 施加边界条件和载荷

(1) 在 Module 列表中选择 Load 模块，对模型施加边界条件和载荷。在左侧工具栏中选择 Create Boundary Condition，然后在 Types for Selected Step 中选择 Symmetry/Antisymmetry/Encastre 类型创建初始边界条件，单击 Continue，如图 6-45 所示。

(2) 设置圆筒约束端边界条件为全约束，如图 6-46 所示。

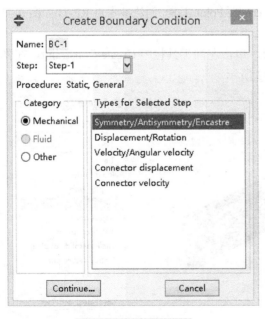

图 6-45 创建边界条件　　　　　　图 6-46 选择边界

(3) 单击左侧工具栏中 Create Load，选择 Types for Selected Step 为 Force，在 RP-1 施加载荷，如图 6-47 所示。

7）划分网格

（1）为了便于划分网格，做如下工作。在主菜单 Tools 工具中选择 Partition 工具将模型分割，选择 By size，设置网格尺寸，相关参数如图 6-48 所示。

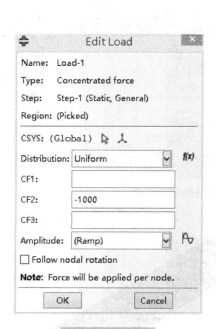

图 6-47　施加载荷

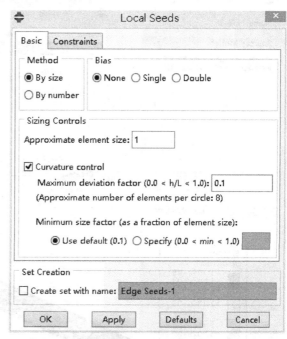

图 6-48　设置网格尺寸

（2）打开 Mesh Controls 界面，对网格进行控制，选择 Hex-dominated 类型，如图 6-49 所示。

（3）单击左侧工具栏中 Mesh Part Instance，确认网格划分。完成的网格效果如图 6-50 所示。

图 6-49　选择网格单元类型

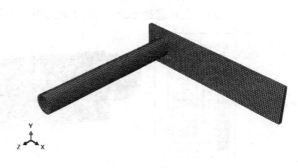

图 6-50　网格效果

8）运行分析，提交作业

（1）在 Module 列表中选择 Job 子功能模块，单击左侧工具栏选择 Create Job 弹出对话框设置新的求解，单击 Continue，如图 6-51 所示。

（2）单击 Submit 提交作业，如图 6-52 所示。

（3）当对话框中 Status 依次变化为 Submitted→Running→Completed 时，进入 Visualization

(后处理)模块,长按左侧工具 Plot Contours on Deformed Shape 弹出拉伸条,选择 Plot Contours on Both Shapes,显示应力云图,如图 6-53 所示。

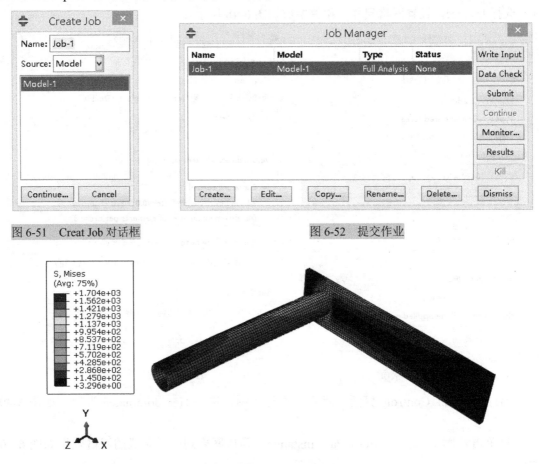

图 6-51　Creat Job 对话框　　　　　图 6-52　提交作业

图 6-53　显示应力云图

(4)在 Tools 工具选择 Path,创建新的路径,沿圆筒横截面创建如图 6-54 所示的路径。

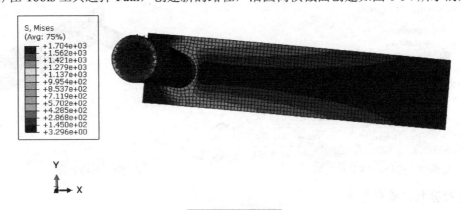

图 6-54　创建路径

(5)单击左侧工具 Create XY Data,在弹出对话框中选择 Path,单击 Continue,选择 Output 为 Mises,调取路径上应力曲线图,如图 6-55 所示。

(6) 进入 Path 工具，新建路径，重新选取沿筒壁路径，如图 6-56 所示。

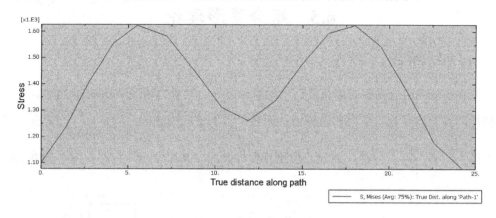

图 6-55　沿路径应力变化图

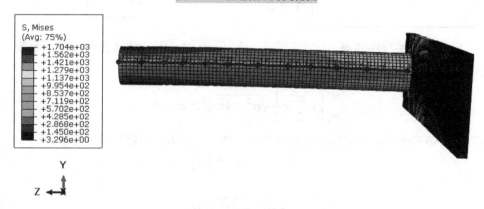

图 6-56　创建路径

单击进入 Create XY Data 工具，调取路径上的应力曲线图，如图 6-57 所示。

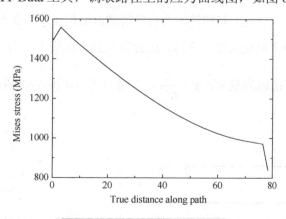

图 6-57　沿路径应力变化曲线图

结论：由应力云图和 XY 曲线图可得出结论：在施加以上载荷条件下，圆筒发生弯扭组合变形，应力叠加下，在圆筒的上下两端达到最大，且呈对称分布，沿筒壁方向应力逐渐减小，根部大于端部。

6.5 组合变形理论

6.5.1 拉伸和扭转

拉伸和扭转的组合是相对而言最简单的组合之一，其受力情况如图 6-58 所示。

杆件内各个点受到正应力和切应力，而各个点的正应力相同，为 $\sigma = \dfrac{F}{S}$；切应力在外表面时为最大，$\tau = \dfrac{T}{W_p}$。因此，危险点位于杆件外表面。其平面应力状态如图 6-59 所示。

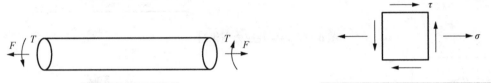

图 6-58 拉扭组合　　　　　　图 6-59 拉扭组合的平面应力状态

可求得其主应力为

$$\left.\begin{array}{r}\sigma_1\\\sigma_3\end{array}\right\} = \dfrac{\sigma}{2} \pm \dfrac{1}{2}\sqrt{\sigma^2 + 4\tau^2}, \quad \sigma_2 = 0 \tag{6-9}$$

可以使用第三或者第四强度理论建立强度条件，在这里运用第三强度理论：

$$\sigma_{r3} = \sigma_1 - \sigma_3 \leqslant [\sigma] \tag{6-10}$$

则有

$$\sigma_{r3} = \sqrt{\sigma^2 + 4\tau^2} \leqslant [\sigma] \tag{6-11}$$

6.5.2 压缩和扭转

压缩和扭转组合变形与拉伸和扭转组合变形的情形很相似，其受力情况如图 6-60 所示。只是将前面的受拉变形变成受压变形，因此其受到的压应力均为 $\sigma = \dfrac{F}{S}$，切应力与拉扭组合相同，也是在外表面时为最大，$\tau = \dfrac{T}{W_p}$，其受力状态如图 6-61 所示。

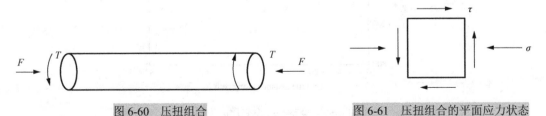

图 6-60 压扭组合　　　　　　图 6-61 压扭组合的平面应力状态

求得其主应力为式(6-9)。

同拉扭组合一样，可以选用第三或者第四强度理论来建立强度条件，在这里使用第四强度理论：

$$\sigma_{r4} = \sqrt{\frac{1}{2}\left[(\sigma_1-\sigma_2)^2+(\sigma_2-\sigma_3)^2+(\sigma_3-\sigma_1)^2\right]} \leqslant [\sigma] \qquad (6\text{-}12)$$

则有

$$\sigma_{r4} = \sqrt{\sigma^2+3\tau^2} \leqslant [\sigma] \qquad (6\text{-}13)$$

6.5.3 弯曲和扭转

弯曲和扭转组合相对于前面的拉扭组合及压扭组合而言更加复杂。工程中一般的传动轴装置主要就是受弯曲和扭转组合的影响而产生变形，其受力及变形方式如图 6-62 所示，其中等直圆杆长为 L，一端固定，另一端连接一个长为 a 的刚臂，现对刚臂的末端施加一个铅垂力 F。

将 F 对圆杆的影响看成作用于圆杆的铅垂向下的力和使圆杆发生扭转的扭矩合成而来，则描述圆杆内力的扭矩图和弯矩图如图 6-63 所示。

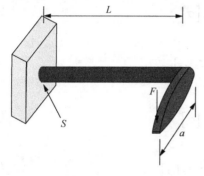

图 6-62 传动轴装置

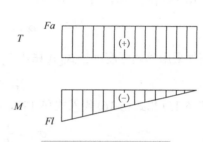

图 6-63 扭矩图和弯矩图

最大内力分量分别为

$$T = Fa, \quad M = Fl \qquad (6\text{-}14)$$

可知圆杆的危险截面是在其固定端截面 S 上，截面 S 上各点受力如图 6-64 所示。

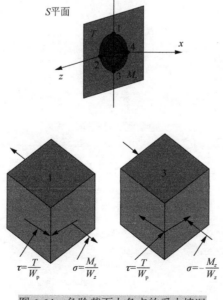

图 6-64 危险截面上各点的受力情况

由图 6-64 可以看到，点 1、点 3 处的弯曲正应力最大，而且最大扭转切应力为截面的周边各点。因此可知危险截面的危险点为点 1 和点 3。而对于许用拉应力和许用压应力相等的塑性材料，点 1 和点 3 的危险程度相当，因此只需研究其中一点（点 1）的情况即可。

根据图 6-64 中关于点 1 的平面应力状态，有

$$\sigma = \frac{M}{W}, \qquad \tau = \frac{T}{W_p} \tag{6-15}$$

对于圆截面，有

$$W_p = 2W \tag{6-16}$$

可求得其主应力为式(6-9)。

由于是塑性材料，常采用第三或者第四强度理论来建立强度条件。这里分别用两种强度理论进行分析，假如采用第三强度理论[式(6-10)]，则有

$$\sigma_{r3} = \sqrt{\sigma^2 + 4\tau^2} \leqslant [\sigma] \tag{6-17}$$

把(6-15)和式(6-16)代入式(6-17)，可得

$$\sigma_{r3} = \frac{1}{W}\sqrt{M^2 + T^2} \leqslant [\sigma] \tag{6-18}$$

假如采用第四强度理论式[式(6-12)]，则有

$$\sigma_{r4} = \sqrt{\sigma^2 + 3\tau^2} \leqslant [\sigma] \tag{6-19}$$

把(6-15)和式(6-16)代入式(6-19)，可得

$$\sigma_{r4} = \frac{1}{W}\sqrt{M^2 + 0.75T^2} \leqslant [\sigma] \tag{6-20}$$

因此，在求得弯矩 M 和扭矩 T 后就可以利用式(6-18)或者式(6-20)建立强度条件进行计算。

第7章 压杆稳定

7.1 压杆稳定概述

保证构件安全工作有三个基本要求：强度、刚度和稳定性。当受拉杆件的应力达到屈服极限或抗拉强度时，将引起塑性变形，当变形程度足够大时，甚至会造成构件发生断裂。

细长杆件受压时，表现出完全不同的失效模式。在日常生活中，常常看见一根细长的竹竿受压力作用，竹竿的轴线由开始的直线变成被压弯后的曲线，最终发生折断。需要注意的是，此时杆内的应力并没有达到竹竿的极限强度，甚至更低。对于这类细长杆件受压时表现出来的与强度、刚度失效问题截然不同的性质，就是所谓的稳定性。压杆丧失其直线形状的平衡而过渡为曲线平衡的现象，称为失稳，也称为屈曲。

压杆失稳后，压力的微小增加将引起弯曲变形的显著增大，杆件从而丧失了进一步的承载能力。细长压杆失稳时，应力并不一定很高，有时甚至低于屈服极限。可见这种形式的失效并非材料的强度太低，而是稳定性不足。

在工程结构中存在大量的压杆稳定性问题，如内燃机配气机构中的挺杆，在推动摇臂打开气阀时挺杆就受到压力作用。同样，内燃机、空气压缩机、蒸汽机的连杆也是受压杆件，桁架结构中的抗压杆、房屋中的支柱等，也都属于压杆。压杆的稳定性不足往往会造成严重事故的突然发生，危及生命和财产安全。近年来高强度材料得到广泛应用，稳定性问题就更为突出。研究压杆的失稳问题，就显得尤为重要。

如图 7-1 所示，当杆件在轴线方向上受到一逐渐增加的压力 F 时，可以保持初始的直线平衡状态，但当同时受到一水平方向干扰力 Q 时，压杆会产生微小的弯曲，而当这个干扰力消失后，会出现如下三种情况。

(1) 当轴向压力 F 小于极限值 F_{cr} 时，压杆将复原为直线平衡状态。这种当除去横向干扰力 Q 后，杆件还能恢复到原有直线平衡的状态，称为稳定平衡状态。

(2) 当轴向压力 F 大于极限值 F_{cr} 时，即使除去干扰力 Q，压杆也不能恢复到原来的直线平衡状态，依然保持弯曲，横截面上弯矩值不断增加，压杆的弯曲变形也随之增大，或由于弯曲变形过大而屈曲失效。此时，原有的直线平衡状态称为不稳定平衡状态。

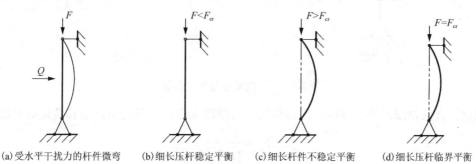

(a) 受水平干扰力的杆件微弯　(b) 细长压杆稳定平衡　(c) 细长杆件不稳定平衡　(d) 细长压杆临界平衡

图 7-1　细长压杆的平衡形式

(3)当轴向压力 F 等于极限值 F_{cr} 时，压杆虽然不能恢复为原有直线平衡状态，但可以保持微弯状态。这种由稳定平衡状态过渡到不稳定平衡状态的直线平衡，称为临界平衡状态。而此时的临界值 F_{cr} 称为压杆的临界力。压杆丧失其直线平衡状态而过渡为曲线平衡，并丧失承载能力的现象，就是**失稳**。

综上所述，压杆是否具有稳定性，主要取决于其所受的轴向压力。探究压杆的稳定性，关键在于确定其临界力 F_{cr} 的大小。当 $F < F_{cr}$ 时，压杆处于稳定平衡状态；当 $F > F_{cr}$ 时，压杆处于不稳定平衡状态。

7.2 压杆失稳实验

1. 实验目的

(1)观察细长中心受压杆的失稳现象。

(2)用电测实验方法测定各种支承条件下压杆的临界压力 F_{cr}，增强对压杆承载及失稳的感性认识。

(3)实测临界压力 F_{cr_real} 与理论计算临界压力 F_{cr_theory} 进行比较，并计算其误差值。

2. 设备和仪器

(1)压杆稳定实验机。

(2)计算机。

(3)游标卡尺。

(4)弹簧钢。

3. 实验原理

当细长杆受轴向压力较小时，杆的轴向变形较小，它与载荷是线弹性关系。即使给杆以微小的侧向干扰力使其稍微弯曲，解除干扰后，压杆最终将恢复其原形，即直线形状，如图 7-2(a)所示，这表明压杆平衡状态是稳定的。

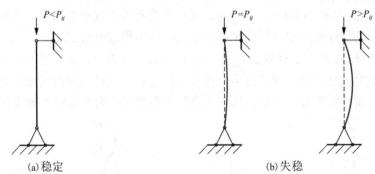

图 7-2 压杆的稳定与失稳现象

假设压杆的轴线是理想直线，压力作用线与轴线重合，材料均匀，则其理论临界压力为

$$F_{cr} = \frac{\pi^2 EI}{(\mu l)^2} \qquad (7\text{-}1)$$

以横坐标表示中点的挠度 δ；纵坐标表示 F，两者关系如图 7-3 所示。当 $F < F_{cr}$ 时，杆件的直线平衡是稳定的，$\delta = 0$，F 与 δ 的关系为垂直的直线 OA；当 F 达到 F_{cr} 时，直线变得

不稳定，过渡为曲线平衡后，F 与 δ 的关系变为 AB。由于在实际中压杆不可避免地存在初弯曲、压力偏心、材料不均匀等情况，实际的 F 与 δ 的关系如图中 OC 所示。当杆件受力以后就开始出现挠度，随着载荷的增加，初始增加较慢，当载荷越来越接近临界应力 F_{cr} 时，δ 增加得越快。实际载荷的水平逐渐接近代表压杆的临界载荷。

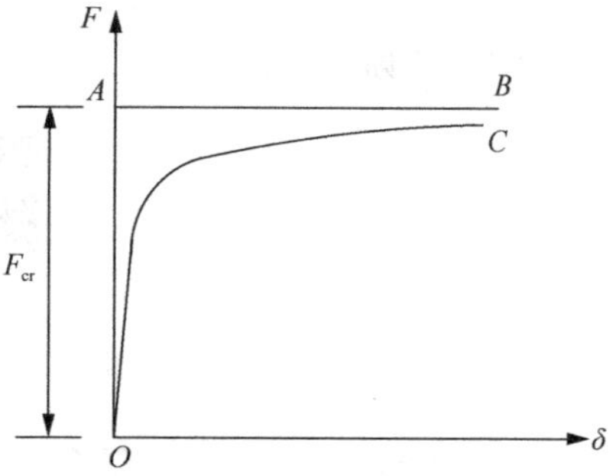

图 7-3 压力与挠度图

4. 实验步骤

实验前，调整实验装置，尽量消除初始弯曲，偏心等因素影响实验的精度。

(1) 测量试样长度和横截面积。

(2) 调整底板调平螺栓，使台体稳定，安装压杆调整支座并且仔细检查是否符合设定状态。

(3) 将力传感器电缆接入仪器的相应输入口，连接电源线，打开仪器开关。

(4) 将加载分为两个阶段。达到理论临界载荷 F_{cr} 的 80%之前，由载荷控制，每增加一级载荷，读取相应的挠度 δ。超过临界载荷 F_{cr} 的 80%之后，改为由变形控制，每增加一定的挠度，读取相应的载荷。在读数过程中，如果出现连续增加位移 2 或 3 次，载荷几乎不变，在增加位移时，载荷读数下降或上升，说明压杆的达到临界状态，则停止加载，卸掉载荷。

(5) 注意装置上下支座情况，试样应左右对称，不产生弯曲。重复步骤(4)进行实验，观察改变约束类型对临界载荷及挠曲线形状的影响。

5. 实验结果处理

1) 原始数据

根据测量的试样尺寸，计算压杆横截面的最小惯性矩 I，结果写入表 7-1 和表 7-2。

表 7-1 几何参数

支座形式	宽度 b/mm	厚度 h/mm	长度 L/mm	惯性矩 I/mm^4
两端固定				
一端固定另一端铰支				
两端铰支				
一端固定另一端自由				

表 7-2 临界应力实验值

支座形式	第一次实验值/N	第二次实验值/N	平均值
两端固定			
一端固定另一端铰支			
两端铰支			
一端固定另一端自由			

2) 数据处理

计算各种支承下的临界压力载荷 P_{cr} 理论值，以理论值为准，与实验值比较，给出不同约束条件下细长中心受压杆的临界应力的相对误差，并分析误差产生的原因。

实验视频如下。

7-1 金属压杆失稳　　7-2 高分子压杆失稳

7.3 压杆失稳有限元模拟

7.3.1 问题描述

轴向受压的杆件称为压杆，当其横截面上正应力不大于许用应力时，构件可以正常工作。所谓压杆失稳，就是构件在轴向压力作用下，不仅产生轴向的变形，还在横向产生弯曲变形，从而导致杆件丧失正常工作的能力。实际工程和生活中，压杆处处可见，如最常见千斤顶等，要保证结构的安全可靠，必须了解压杆失稳的特性和规律，做到防患于未然。

基于 ABAQUS，针对常见的梁结构，采用工字钢模型，在轴心受压情况下发生弯曲失稳，通过使用 Buckle 法模拟其线性范围内失稳状态，观察其屈曲模态。

7.3.2 模型与参数

工字钢模型如图 7-4 所示，材料参数见表 7-3。

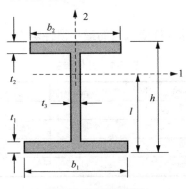

图 7-4　工字钢模型

表 7-3　材料参数

弹性模量 E/MPa	泊松比 ν	屈服强度/MPa	几何尺寸 $l \times h$/mm×mm
210000	0.3	345	115×23

7.3.3 有限元分析

7-3 压杆失稳

1) 创建部件

(1) 选择模块列表 Module 下 Part 功能模块，开始建模。单击左侧工具中的 Create Part 工具，弹出对话框，选择 3D→Deformable→Solid→Extrusion，其余参数不变，如图 7-5 所示。

(2) 单击鼠标中键，设置拉伸长度，完成工字钢模型创建，如图 7-6 所示。

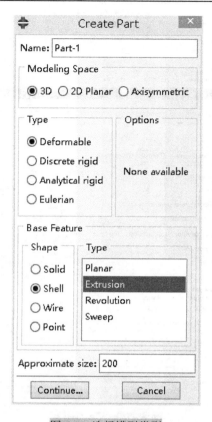

图 7-5　选择模型类型

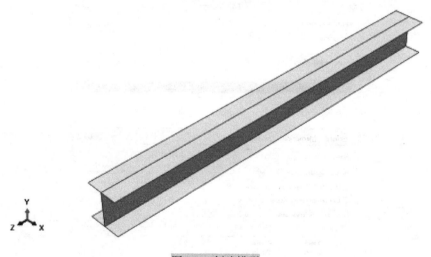

图 7-6　创建模型

2) 设置材料和截面特征

(1) 定义材料属性，定义材料参数，选择 Mechanical→Elasticity→Elastic 设置弹性模量和泊松比，如图 7-7 所示。

(2) 选择 Mechanical→Plasticity→Plastic 设置材料塑性相关参数，如图 7-8 所示。

(3) 创建截面特性，选择左侧工具 Create Section，在弹出的对话框中选择 Shell(壳)，创建截面特性，如图 7-9 所示。

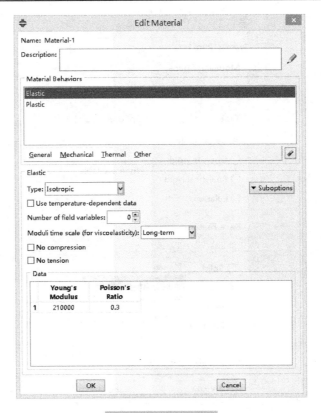

图 7-7　定义弹性参数

图 7-8　定义塑性参数

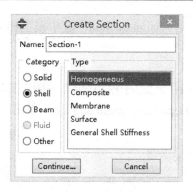

图 7-9　Create Section

(4) 单击 Continue，弹出对话框设置工字钢腹板厚度，如图 7-10 所示。

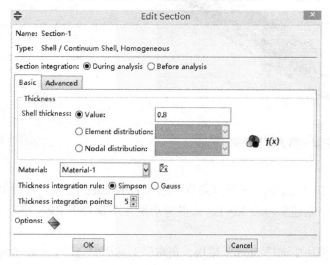

图 7-10　设置工字钢腹板厚度

(5) 同上步骤设置工字钢翼缘板厚度，如图 7-11 所示。

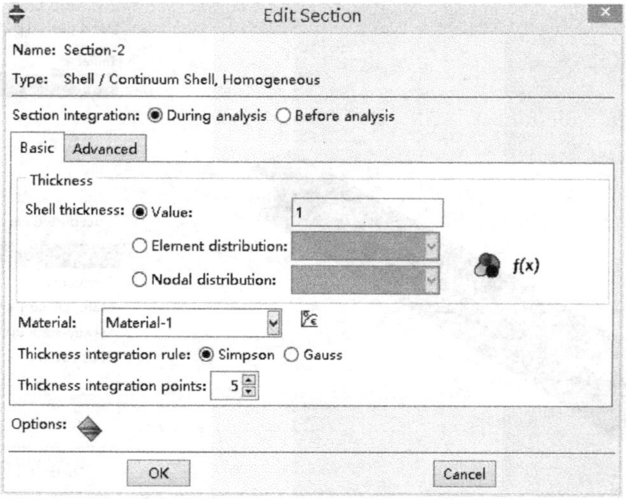

图 7-11　设置工字钢翼缘板厚度

(6) 分别分配截面特性，单击 Assign Section，选中模型相应的部位，赋予部件截面特性，如图 7-12 所示。

3) 装配部件

选择 Module 模块中 Assembly(装配)子模块，单击左侧工具区中的 Instance Part，弹出 Create Instance 对话框，使用默认属性 Dependent(mesh on part)，单击 OK，完成装配，如图 7-13 所示。

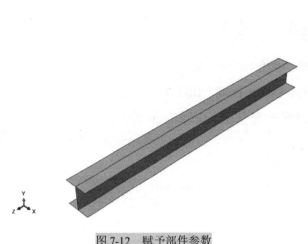

图 7-12　赋予部件参数　　　　　　　图 7-13　装配部件

4) 设置耦合

单击菜单栏中 Tools 选项，在下拉菜单中选择 Reference Point。使用 RP 工具在视图区中选择圆柱两端圆心，创建参考点 RP-1，将参考点所在面耦合于 RP-1 点，如图 7-14 所示。

5) 设置分析步

(1) 在 Module 模块中选择 Step 子模块。在左侧工具栏中选择 Create Step，弹出对话框，在 Procedure type 中选择 Liner perturbation，单击 Buckle，单击 Continue，如图 7-15 所示。

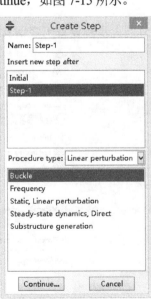

图 7-14　设置耦合　　　　　　　　　图 7-15　选择分析步

(2) 在弹出的对话框中设置算法为 Lanczos，设置相关参数，单击 OK，如图 7-16 所示。

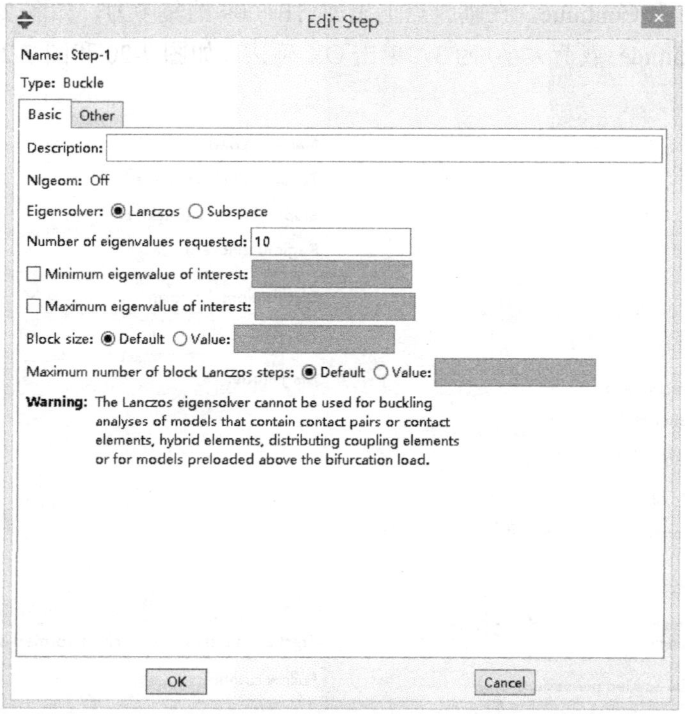

图 7-16 设置分析步参数

6) 施加边界条件和载荷

(1) 创建初始约束，在 Module 列表中选择 Load 模块，对模型施加边界条件和载荷。在左侧工具栏中选择 Create Load 在 Types for Selected Step 中选择 Symmetry/Antisymmetry/Encastre，单击 Continue，如图 7-17 所示。

(2) 选择工字钢一端设置约束边界参数，如图 7-18 所示。

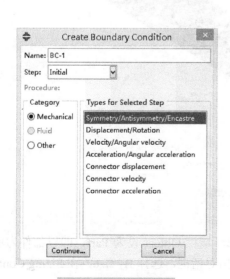

图 7-17 施加边界条件

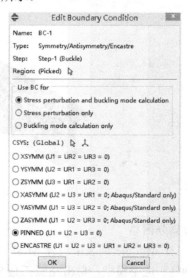

图 7-18 选择边界

(3) 单击左侧工具 Create Load，弹出对话框中选择施加载荷选择类型为 Concentrated force(集中力)，单击 Continue，在耦合点上施加-1E+009 的集中力，如图 7-19 所示。

(4) 设置 Magnitude(载荷大小)为 3，单击 OK 确认，如图 7-20 和图 7-21 所示。

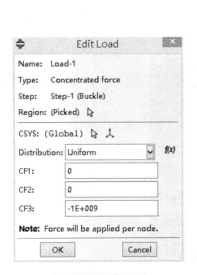

图 7-19　施加载荷

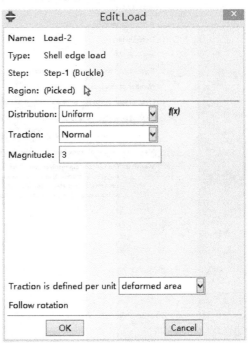

图 7-20　设置载荷

图 7-21　载荷结果

7) 划分网格

(1) 在 Module 列表中选择 Mesh 模块，将顶部环境栏 Object 设为 Part，即以部件为单位划分网格。选中模型，单击左侧工具 Seededges 弹出对话框，选择 By size，在 Sizing Controls 中设置尺寸大小为 1，如图 7-22 所示。

(2) 单击打开 Mesh Controls 界面，对网格施加控制，相关参数如图 7-23 所示。

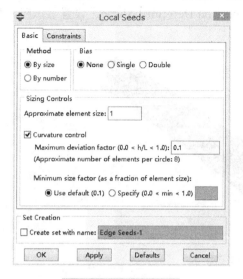

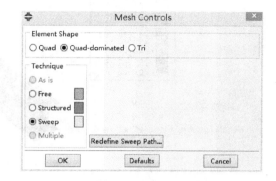

图 7-22　设置网格尺寸　　　　　　　　图 7-23　选择单元类型

(3) 单击左侧工具栏中 Mesh Part Instance，划分网格。网格效果如图 7-24 所示。

图 7-24　网格效果

8) 运行分析，提交作业

(1) 选择 Job 功能模块，选择 Create Job，单击 Continue，如图 7-25 所示。

(2) 单击 Submit 提交作业，如图 7-26 所示。

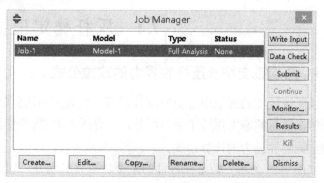

图 7-25　Create Job 对话框　　　　　　　图 7-26　提交作业

(3) 当对话框中 Status 依次变化为 Submitted→Running→Completed 时,进入 Visualization (后处理)模块,单击后处理模块左侧工具 Plot Contours on Deformed Shape,设置显示应力和位移云图,如图 7-27 所示。

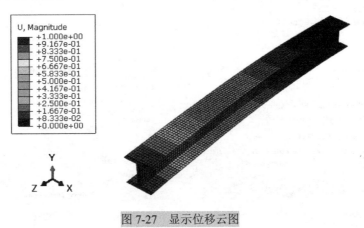

图 7-27　显示位移云图

(4) 在 Tools 工具中,选择 Path 工具,定义沿工字钢长度方向路径,调取沿路径位移曲线,如图 7-28 所示。

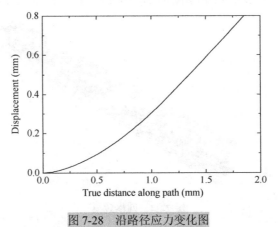

图 7-28　沿路径应力变化图

结论：由位移云图和位移曲线图可以得知,工字钢发生屈曲现象,从底部到顶部位移依次增大,位移最大处产生在屈曲外侧,工程中应注意在该处的强度设计。

7.4　压杆稳定理论

7.4.1　两端铰支细长压杆临界力的欧拉公式

设两端铰支的理想中心受压细长直杆,当其压力达到临界值 F_{cr} 时,在横向因素的干扰下压杆可在微弯状态下保持平衡。可见,临界压力 F_{cr} 就是使压杆保持微弯平衡的最小压力。现来确定此临界压力的计算公式。

如图 7-29 所示,假定在杆件的某个位置将其切开,切口与坐标原点 O 的距离为 x,取其中一部分为研究对象,则根据受力情况可求杆件上作用的弯矩为

$$M(x) = F_{cr} \cdot y \tag{7-2}$$

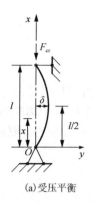
(a) 受压平衡

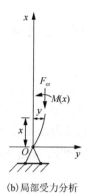
(b) 局部受力分析

图 7-29　细长压杆的平衡形式

在线弹性情况下，即杆件的应力在材料的比例极限范围内时，杆件的挠曲线近似微分方程为

$$\frac{d^2 y}{dx^2} = -\frac{M(x)}{EI} \tag{7-3}$$

将式(7-2)代入式(7-3)可得压杆受力后完成曲线状态的近似微分方程为

$$\frac{d^2 y}{dx^2} = -\frac{F_{cr} y}{EI} \tag{7-4}$$

令

$$k^2 = \frac{F_{cr}}{EI} \tag{7-5}$$

可将式(7-4)转化为一常系数线性二阶齐次微分方程：

$$\frac{d^2 y}{dx^2} + k^2 y = 0 \tag{7-6}$$

此微分方程的通解为

$$y = a\sin(kx) + b\cos(kx) \tag{7-7}$$

式中，a 和 b 为积分常数，可通过杆端的约束边界条件来确定。对于两端铰支约束的压杆，当 $x = 0$ 时，$y = 0$。将该条件代入式(7-7)中可得 $b = 0$，则

$$y = a\sin(kx) \tag{7-8}$$

当 $x = l$ 时，$y = 0$。将该条件代入式(7-8)可得

$$a\sin(kl) = 0 \tag{7-9}$$

式(7-9)只有在 $a = 0$ 或者 $\sin(kl) = 0$ 时才成立。当 $a = 0$ 时，式(7-8)中的 $y \equiv 0$，这意味着压杆任意横截面的挠度均为 0，压杆不发生弯曲而保持直线平衡状态，这与在临界力作用下压杆保持微弯的平衡状态这一前提并不相符，因此不成立。由此可知，式(7-9)成立的条件只有

$$\sin(kl) = 0 \rightarrow kl = n\pi \rightarrow k = \frac{n\pi}{l} \tag{7-10}$$

式中，n 为任意整数($n=0,1,2,\cdots$)。将式(7-10)代回式(7-5)可得

$$k^2 = \frac{F_{cr}}{EI} = \frac{n^2\pi^2}{l^2} \tag{7-11}$$

则临界力的计算公式为

$$F_{cr} = \frac{n^2\pi^2 EI}{l^2} \tag{7-12}$$

通过式(7-12)可以看出，由于 n 是任意整数，所以理论上使得压杆保持微弯平衡状态的临界力 F_{cr} 有无数个。然而，当临界力取最小值时，压杆就已经处于临界平衡状态，即将向不稳定平衡状态转变。因此，计算保证压杆不发生失稳的临界力 F_{cr}，必须使得 n 取最小值。当 n 取零时显然不符合实际，故 n 的取值应为 1，则式(7-12)变为

$$F_{cr} = \frac{\pi^2 EI}{l^2} \tag{7-13}$$

这就是两端铰支细长压杆的临界力计算公式。因该式由欧拉(Euler)在 1744 年首先导出，故通常称为欧拉公式。欧拉公式在计算压杆失稳的临界力上有广泛应用，它表明细长压杆的临界力与杆的抗弯刚度成正比，与杆长的平方成反比。需要说明的是，由于压杆两端均为球形铰支座，因此式中的惯性矩应为压杆横截面的最小惯性矩。

7.4.2　其他杆端约束下细长压杆临界力的欧拉公式

压杆两端除了同为铰支约束，还可能存在其他情况。例如，千斤顶的支撑杆就可以看成一根压杆，上端因为可与所支撑的重物共同做沿轴线方向的微小运动，可以看成自由端，而下端的支座可以看成固定约束。因此，千斤顶的支撑杆就简化为上端自由、下端固定的压杆。对于各种杆端约束的细长压杆，可以通过与 7.4.1 节类似的思路推导出各自的临界力欧拉公式，但也可以用比较简单的类比法。下面就介绍一下这种方法。

如图 7-30(a)所示，设压杆以微弯的形状保持平衡。现将其变形曲线反向延长一倍，同图 7-30(a)进行对比可以发现，一端自由、一端固定、长为 l 的压杆的挠曲线，等同于两端铰支、长为 $2l$ 的压杆的挠曲线的上半部分。因此，两者的临界压力应该是相等的。可以利用两端铰支、长为 $2l$ 的压杆的欧拉公式，求出一端自由、一端固定、长为 l 的压杆的临界应力：

$$F_{cr} = \frac{\pi^2 EI}{(2l)^2} \tag{7-14}$$

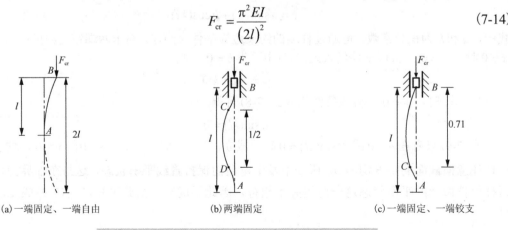

(a)一端固定、一端自由　　(b)两端固定　　(c)一端固定、一端铰支

图 7-30　其他杆端约束情况的细长压杆受压后的挠曲线

某些压杆的两端都是固定支座。两端固定的细长压杆失稳后的挠曲线形状如图 7-30(b)所示。距离两端各为 $l/4$ 的 C、D 两点的弯矩等于零，因此可以把这两点看作铰链，把长为 $l/2$ 的中间部分看作两端铰支的压杆。因此，两端固支的压杆仍然可以用两端铰支压杆的欧拉公式来计算临界力，只是需要将式中的 l 改写成 $l/2$，即为

$$F_{cr} = \frac{\pi^2 EI}{\left(\dfrac{l}{2}\right)^2} \tag{7-15}$$

式(7-15)所求的 F_{cr} 虽然是 CD 段的临界力，但由于 CD 段也是压杆的一部分，因此它的临界力也就是整个压杆 AB 的临界力。

若细长压杆的一端固定，另一端铰支，失稳后的挠曲线如图 7-30(c)所示。在这种情况下，可以近似地把大约 $0.7l$ 长的 BC 段看作两端铰支的压杆。因此，计算一端固定、一端铰支压杆临界力的公式为

$$F_{cr} \approx \frac{\pi^2 EI}{(0.7l)^2} \tag{7-16}$$

表 7-4 给出了在工程实际中常见的几种杆端约束形式下，利用类比法推导出的细长压杆的挠曲线形状以及相应的欧拉公式。

由表可知，不同杆端约束情况下等截面细长压杆的临界力计算公式可以写为统一的形式：

$$F_{cr} = \frac{\pi^2 EI}{(\mu l)^2} \tag{7-17}$$

式中，系数 μ 为压杆的长度系数，与压杆的杆端约束情况有关，μl 为原压杆的计算长度，也称为相当长度。以上只是几种典型情况，实际问题中压杆的支座还可能出现其他情形。例如，杆端与其他弹性构件固接的压杆，由于弹性构件也会发生变形，因此压杆的端截面就是介于固定支座和铰支座之间的弹性支座。对于其他情况，同样可以用不同的长度系数 μ 来描述，这些系数的数值都可以从有关的设计手册和施工规范中查到。

表 7-4 各种杆端约束情况下等截面细长压杆的欧拉公式

支端情况	两端铰支	一端固定另端铰支	两端固定	一端固定另端自由	两端固定但可沿横向方向相对移动
临界状态时挠曲线形状			C、D：挠曲线拐点		C：挠曲线拐点
		C：挠曲线拐点			
临界力公式	$F_{cr}=\dfrac{\pi^2 EI}{l^2}$	$F_{cr} \approx \dfrac{\pi^2 EI}{(0.7l)^2}$	$F_{cr}=\dfrac{\pi^2 EI}{(0.5l)^2}$	$F_{cr}=\dfrac{\pi^2 EI}{(2l)^2}$	$F_{cr}=\dfrac{\pi^2 EI}{l^2}$
长度系数 μ	$\mu=1$	$\mu \approx 0.7$	$\mu=0.5$	$\mu=2$	$\mu=1$

7.4.3 对欧拉公式的一些分析

1. 临界应力和柔度

7.4.2 节中已经导出了细长压杆临界力的计算公式：

$$F_{cr} = \frac{\pi^2 EI}{(\mu l)^2} \tag{7-18}$$

则压杆达到临界平衡状态时横截面承受的应力为

$$\sigma_{cr} = \frac{F_{cr}}{A} = \frac{\pi^2 EI}{(\mu l)^2 A} \tag{7-19}$$

σ_{cr} 称为临界应力。若把压杆横截面的惯性矩 I 写成

$$I = i^2 A \tag{7-20}$$

式中，i 为压杆截面的惯性半径。这样，压杆的临界应力可以写成

$$\sigma_{cr} = \frac{\pi^2 E}{\left(\dfrac{\mu l}{i}\right)^2} \tag{7-21}$$

令 $\lambda = \dfrac{\mu l}{i}$，可得压杆临界应力的公式为

$$\sigma_{cr} = \frac{\pi^2 E}{\lambda^2} \tag{7-22}$$

式中，λ 是一个无量纲的量，称为柔度。它集中地反映了压杆的长度、约束条件、截面的形状和尺寸等因素对临界应力 σ_{cr} 的影响。λ 越大，杆越细长，它的临界应力就越小，压杆越容易失稳。反之，λ 越小，杆越粗短，它的临界应力就越大，压杆就越不容易失稳。因此，柔度 λ 是压杆稳定计算的一个重要参数。

2. 欧拉公式的适用范围

欧拉公式是根据压杆的挠曲线近似微分方程推导出来的。此微分方程只有在材料服从胡克定律的条件下才成立。因此，只有当压杆的临界应力 σ_{cr} 不超过材料的比例极限 σ_p 时，欧拉公式才能适用，即

$$\sigma_{cr} = \frac{\pi^2 E}{\lambda^2} \leqslant \sigma_p \tag{7-23}$$

或者改写为

$$\lambda \geqslant \pi \sqrt{\frac{E}{\sigma_p}} \tag{7-24}$$

通过式 (7-24) 可以看出，只有当压杆的柔度 λ 大于或等于极限值 $\pi\sqrt{E/\sigma_p}$ 时，欧拉公式才是正确的。一般地，使用 λ_p 代表这一极限值，即写作

$$\lambda_p = \pi \sqrt{\frac{E}{\sigma_p}} \tag{7-25}$$

在工程应用中，把 $\lambda \geqslant \lambda_p$ 的压杆称为细长杆。因此，只有细长杆才能使用欧拉公式来计算压杆的临界力和临界应力。

由于 λ_p 的大小与材料的力学性质有关，因此它随着压杆的材料不同而改变。对于钢材，若取弹性模量为 $E = 2 \times 10^5 \text{MPa}$，极限强度为 $\sigma_p = 200\text{MPa}$，计算可得 $\lambda_p \approx 100$。以此类推，铸铁的 λ_p 大约为 80，松木的 λ_p 大约为 110。

3. 压杆的稳定校核

从前面的讨论中可以发现，对于各种柔度的压杆，总可以用欧拉公式或经验公式求出相应的临界力和临界应力。这就相当于在强度计算中知道了构件的破坏载荷和材料的极限应力。为了对压杆进行稳定性校核，还需要对压杆建立类似于强度准则的稳定条件。这里定义临界力 F_{cr} 和工作压力 F 之比即为压杆的工作安全因数 n。要保证压杆在使用中不发生失稳，其工作安全因数 n 需要大于规定的稳定安全因数 n_{st}，故有

$$n = \frac{F_{cr}}{F} \geqslant n_{st} \tag{7-26}$$

稳定安全因数 n_{st} 一般要高于强度安全因数，且随着 λ 的增大要取得更大些。这是由于之前讨论的压杆都是理想情况下的，但在实际中杆件存在初弯曲、压力偏心、材料不均匀和支座缺陷等难以避免的问题，这些问题都会对压杆的稳定性产生影响，从而降低了临界力。但对于杆件强度，这些问题的影响就不再那么明显。在工程应用中，各种杆件的稳定安全因数 n_{st} 一般都可以在设计手册或施工规范中查到。

第8章 交变应力-疲劳分析

8.1 概述

交变应力是指构件内某点的应力随时间做周期性变化的应力,材料与构件在交变应力作用下的失效称为疲劳失效,简称疲劳。实验结果表明,疲劳失效的破坏情况与静应力破坏有本质的不同,材料在交变应力作用下破坏的主要特征如下。

(1)因交变应力产生破坏时,最大应力值一般低于静载荷作用下材料的抗拉(压)强度,有时甚至低于屈服极限。

(2)材料的破坏为脆性断裂,一般没有显著的塑性变形,即使塑性材料也是如此。在构件的断口上,明显地存在两个区域:光滑区和粗糙区,如图8-1所示。

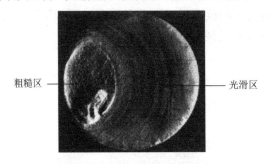

图8-1 疲劳破坏构件的断口

(3)材料发生破坏前,应力随时间变化经过多次重复,其循环次数与应力的大小有关,应力越大,循环次数越少。

因为疲劳破坏是在没有明显征兆的情况下突然发生的,极易造成严重事故。据统计,机械零件,尤其是高速运转的构件的破坏,大部分属于疲劳破坏。疲劳破坏机理如图8-2所示。

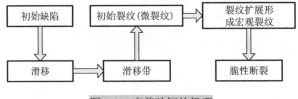

图8-2 疲劳破坏的机理

对疲劳行为的研究可以针对性地提高构件疲劳强度,设计疲劳寿命,有很明确的实用价值。

8.2 疲劳失效实验

1. 实验目的

(1)了解测定材料疲劳极限 $S\text{-}N$ 曲线的方法。

(2)通过观察疲劳试样断口,分析疲劳的原因。

(3)了解所用疲劳实验机的工作原理和操作过程。

2. 实验设备

(1)疲劳实验机,如图 8-3 所示。

(2)游标卡尺。

图 8-3　疲劳实验机

3. 实验原理及方法

材料或构件在随时间做周期性改变的交变应力作用下,经过一段时间后,在应力远小于抗拉强度或屈服极限的情况下,突然发生脆性断裂,这种现象称为疲劳。疲劳极限,即为材料承受接近无限次应力循环(对钢材约为 10^7 次)而不被破坏的最大应力值。这里介绍单点法测定材料的疲劳强度,该实验依据的标准是 HB 5152—1996(《金属室温旋转弯曲疲劳试验方法》),可以在试样数量受到限制的情况下近似测定 S-N 曲线和粗略地估计疲劳极限。

单点实验法至少需要 6~8 根试样,第一根试样的最大应力为 $A_1=(0.6~0.8)l$,经过 N_1 次循环后失效;继续取另一试样,减小载荷至 A_2 进行同样的实验,经过 N_2 循环后失效;这样对第 3、4、5…根试样依次递减其载荷,按同样的方法进行实验。各试样的应力水平依次递减,疲劳寿命 N_i 随之依次递增。直至某一试样在超过循环基数 N_0 以后并不发生疲劳破坏,结束实验。疲劳实验得到一系列最大应力 σ_{max} 和疲劳寿命 N 的数据,绘制出一条 σ_{max} 与 N 的曲线,称为疲劳曲线或应力-寿命曲线。常以 S 表示正应力 σ 或剪应力 τ 来绘制 S-$\lg N$ 图线。

4. 实验步骤

(1)测量试样最小直径 d_{min}。

(2)计算或查出 K 值。

(3)根据确定的应力水平 σ,由公式计算应加砝码的重量 P'。

(4)将试样安装于套筒上,拧紧两根连杆螺杆,使与试样成为一个整体。

(5)连接挠性联轴节。

(6)加上砝码。

(7)开机前托起砝码,在运转平稳后,迅速无冲击地加上砝码,并将计数器调零。

(8)试样断裂,记下寿命 N,取下试样。

(9)按照"单点法"测试原理,继续完成剩下 5~7 根试样的实验。绘制疲劳寿命曲线确定疲劳极限。

5. 实验结果处理

(1) 下列情况实验数据无效：载荷过高致试样弯曲变形过大，造成中途停机；断口有明显夹杂致使寿命降低。

(2) 将所得实验数据列表；然后以 $\lg N$ 为横坐标，A_{max} 为纵坐标，绘制光滑的 S-N 曲线。实验视频如下。

8-1 高分子材料
拉压疲劳

8-2 高分子材料
拉扭疲劳

8.3 梁的疲劳失效有限元模拟

8.3.1 ABAQUS 疲劳分析简介

在 ABAQUS 中，材料表面疲劳裂纹的产生和扩展满足帕里斯法则（Paris Law），即裂纹扩展速率与断裂能释放率之间的关系，如图 8-4 所示。

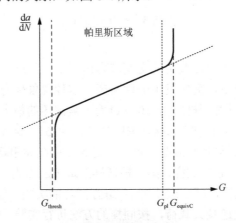

图 8-4 帕里斯法则

图 8-4 中，a 为裂纹长度；N 为循环周次；G 为应变能释放率；G_{thresh} 为应变能释放率阈值；G_{pl} 应变能释放率上限；G_{equivC} 临界等效应变能释放率。

当应变能释放率 $G<G_{thresh}$ 时，不会产生裂纹或者裂纹不扩展。

当应变能释放率 $G>G_{pl}$ 时，裂纹将会加速扩展。

疲劳裂纹开始扩展，需满足以下两点：

(1) $$f = \frac{N}{c_1 \Delta G^{c_2}} \geqslant 1.0, \quad \Delta G = G_{max} - G_{min}$$

(2) $$G_{max} > G_{thresh}$$

式中，c_1、c_2 为材料参数，G_{max} 和 G_{min} 分别为加载最大值和最小值所对应的应变能释放率。

一旦裂纹增长准则满足后，裂纹增长率满足

$$\frac{da}{dN} = c_3 \Delta G^{c_4}$$

式中，c_3 和 c_4 为材料参数。

8.3.2 有限元分析

对双层悬臂梁进行预制裂纹后在循环载荷作用下的裂纹扩展寿命预测。低周疲劳裂纹扩展分析分两步进行。

8-3 金属材料梁疲劳寿命预测

1. 稳定应力状态计算

(1)选择模块列表 Module 下的 Part 功能模块，开始建模。选取左侧工具中的 Create Part 工具，弹出对话框，选择 2D→deformable→Shell，其余参数不变，单击 Continue，如图 8-5 所示。

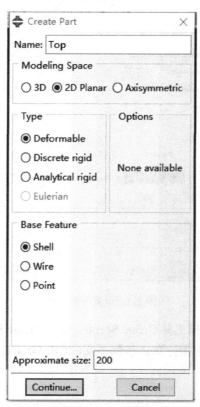

图 8-5 选取建模模型

(2)选择 Create lines 工具，依次画线连接，得到上层梁纵截面，尺寸为 9m×0.2m，如图 8-6 所示。

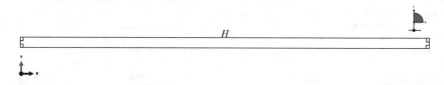

图 8-6 单层悬臂梁纵向截面图

(3)定义材料参数，在 Module 模块中选择 Property(参数)子模块。选择左侧工具 Create Material。在弹出的对话框中选择 Mechanical→Elasticity→Elastic 设置弹性模量和泊松比，如图 8-7 所示。

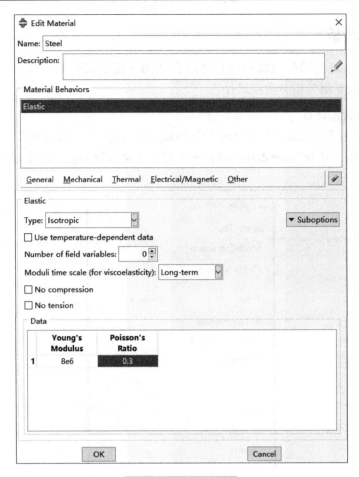

图 8-7　设置材料参数

(4)创建截面特性,选择左侧工具 Create Section,弹出 Create Section 对话框,单击 Continue,在弹出的 Edit Section 对话框中保持默认参数不变,单击 OK,如图 8-8 所示。梁横截面宽 1m,建立平面应力厚度为 1,图 8-9 所示。

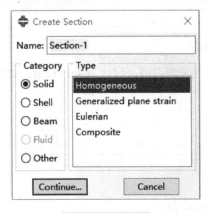

图 8-8　创建截面

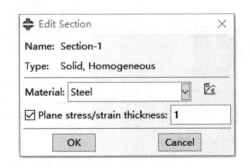

图 8-9　截面属性设置

(5)分配给截面特性,单击左侧工具中的 Assign Section,单击视图区中的模型,单击鼠标中键,弹出 Edit Section Assignment 对话框,单击 OK 赋予部件特性,效果如图 8-10 和图 8-11 所示。

第 8 章 交变应力-疲劳分析

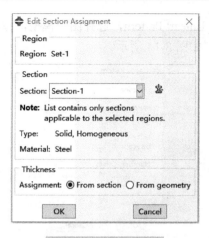

图 8-10 赋予截面属性

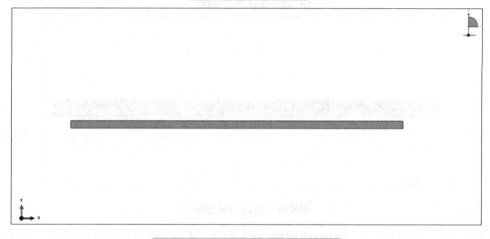

图 8-11 赋予截面属性后的几何模型

(6)选择 Module 列表中 Assembly 子模块,单击工具 Instance Part 弹出 Create Instance 对话框,使用默认属性,单击 OK,如图 8-12 所示。

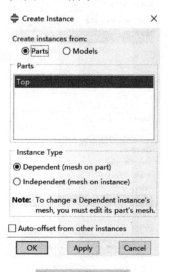

图 8-12 装配部件

(7)单击右侧工具栏中的 Linear Pattern，选择图中模型，按图 8-13 进行阵列复制形成双层悬臂梁模型。最终装配模型如图 8-14 所示。

图 8-13　线性阵列复制设置

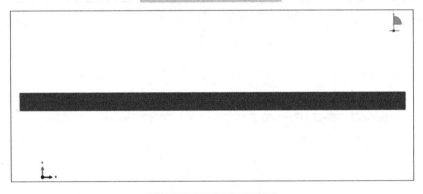

图 8-14　最终的装配模型

(8)在 Module 模块中选择 Step 子模块。在左侧工具栏中选择 Create Step，弹出 Create Step 对话框，选择 Static, General 分析类型，单击 Continue，如图 8-15 所示。

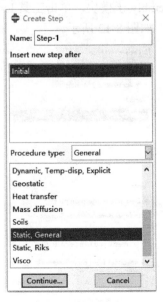

图 8-15　设置分析步

(9) 弹出 Edit Step 对话框，在 Basic 选项卡中打开非线性开关 Nlgeom，默认载荷步总时间为 1，如图 8-16 所示。Incrementation 选项卡对增量步进行设置，如图 8-17 所示。Other 选项卡中将 Convert severe discontinuity interations 设置为 Off，如图 8-18 所示。

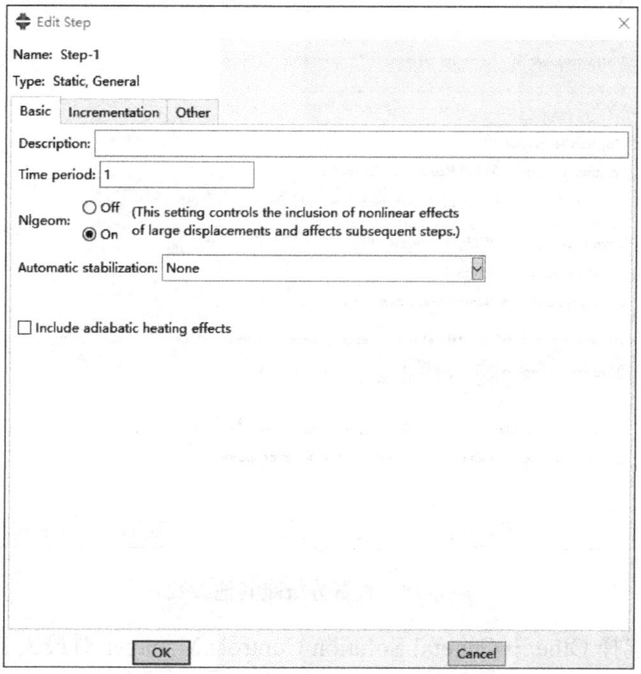

图 8-16　设置分析步基本参数

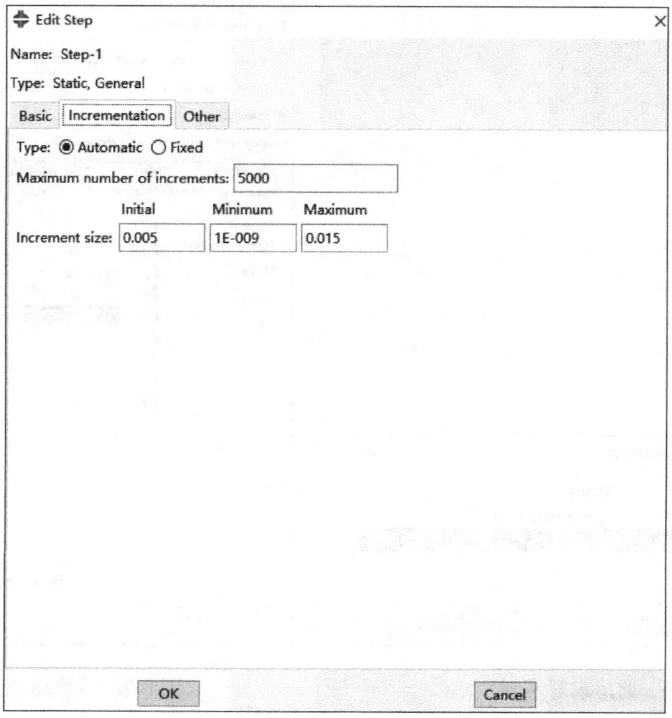

图 8-17　设置分析步增量参数

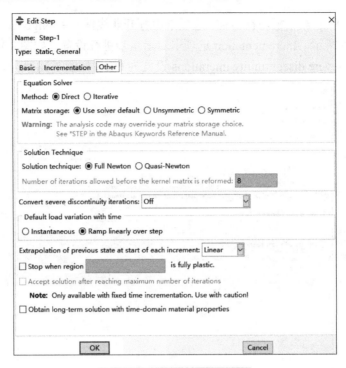

图 8-18　设置分析步其他参数

(10) 菜单栏中选择 Other→General Solution Controls Manager 对最大的严重不迭代数 I_s 修改为 50，如图 8-19 和图 8-20 所示。

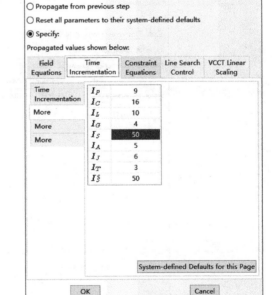

图 8-19　通用求解控制　　　　图 8-20　对时间增量设置

(11) 在 Module 模块中选择 Mesh 子模块。单击左侧工具 Seed Edges，在弹出的 Local Seeds

对话框中选择 By size，设置轴向单元长 0.1，横向单元长 0.05，相关参数设置如图 8-21 所示。

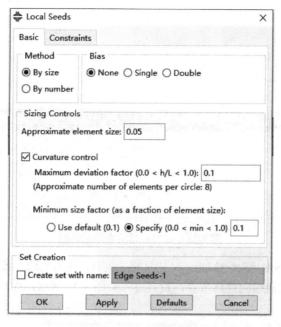

图 8-21　网格大小设置

(12)单击左侧工具栏中的 Assign Element Type 设置单元类型，选择为 CPE4 号单元，如图 8-22 所示。

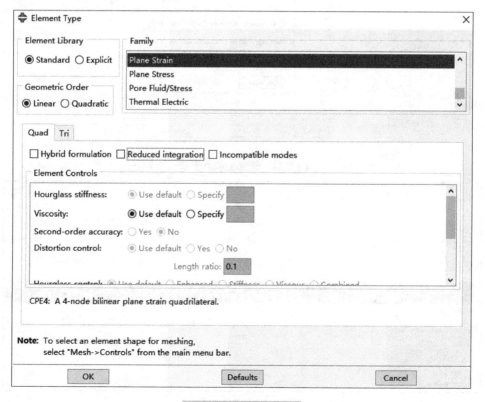

图 8-22　单元类型设置

(13) 单击左侧工具栏中的 Mesh Part，进行网格划分，划分完的有限元模型如图 8-23 所示。

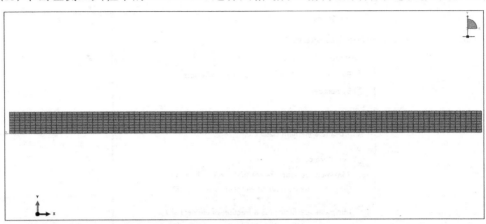

图 8-23　双层悬臂梁有限元模型

(14) 单击菜单栏 Tools→Set→Manager 建立相关集合，为后续边界条件设置做准备。BC-2 和 BC-3 为悬臂梁自由端加载横向位移节点，设置过程如图 8-24 所示，加载点位置如图 8-25 所示。

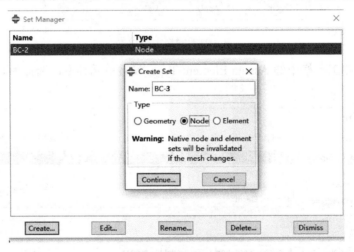

图 8-24　建立加载点集合

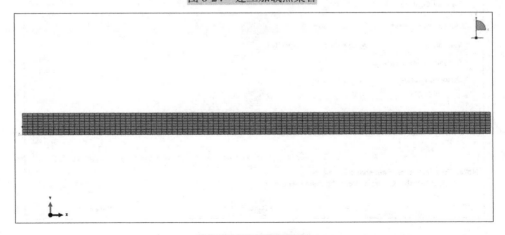

图 8-25　加载点位置

(15) 同理建立上、下面集合，为后续接触绑定设置做准备，如图 8-26 和图 8-27 所示。

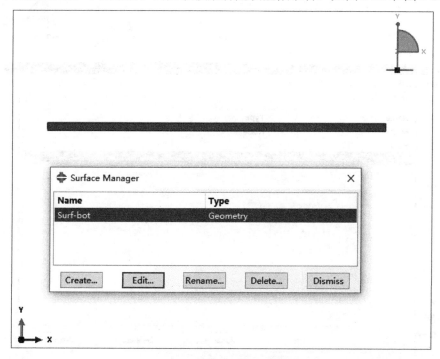

图 8-26　下层梁上表面集合

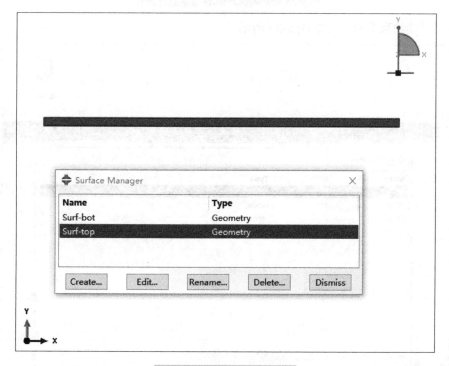

图 8-27　上层梁下表面集合

(16) 建立裂纹疲劳扩展区域点集合，选择下层梁相对应绑定区域节点即可，如图 8-28 所示。

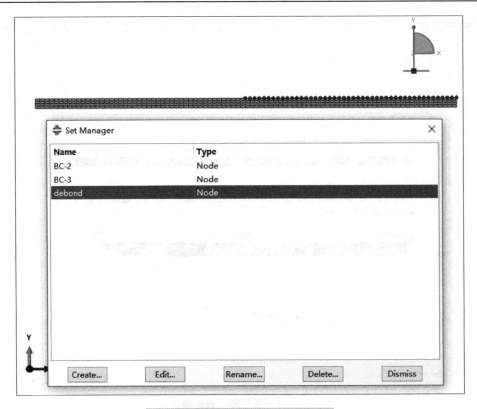

图 8-28　裂纹疲劳扩展区域节点集合

(17) 固定端约束节点集合如图 8-29 所示。

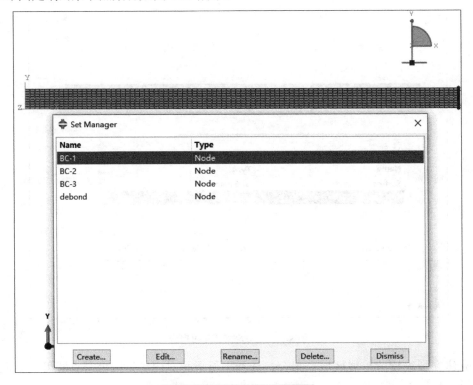

图 8-29　固定端约束节点集合

(18) 在 Module 列表中选择 Interaction 子模块。单击左侧工具栏中 Create Interaction，弹出对话框，选择 Surface-to-surface contact(Standard)，如图 8-30 所示。

图 8-30　建立接触

(19) 接触设置，选择 Surf-top 面集合为主面，Surf-bot 为从面，选择滑移变形为小滑移，Slave Adjustment 中 Adjust slave nodes in set 选择 debond，即裂纹扩展区域节点集合，如图 8-31 所示。选择 Bonding 选项卡设置限定 Bonding 到从属节点集合 debond，如图 8-32 所示。

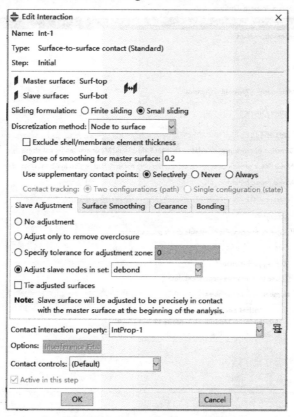

图 8-31　接触设置

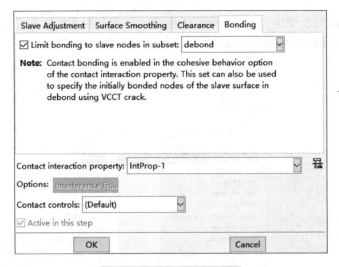

图 8-32 接触 Bonding 设置

(20)单击接触特性设置,新建接触特性 IntProp-1,选择 Mechanical→Fracture Criterion,设置 Type(计算方法)为 VCCT,行为模式为 BK(双线性),并设置相关的能量释放率参数,如图 8-33 所示。设置几何特性为 1,如图 8-34 所示。

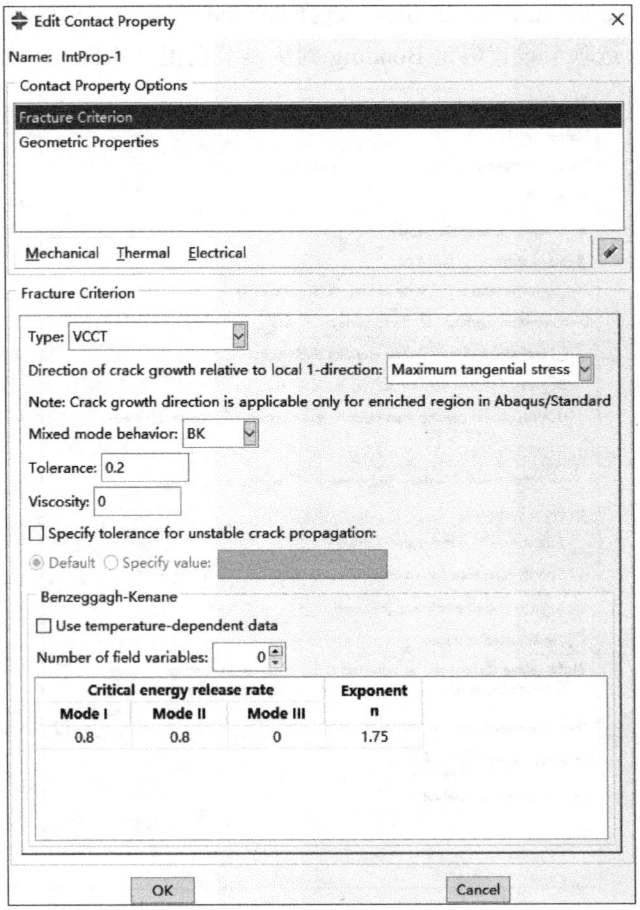

图 8-33 接触断裂特性设置

第 8 章 交变应力-疲劳分析

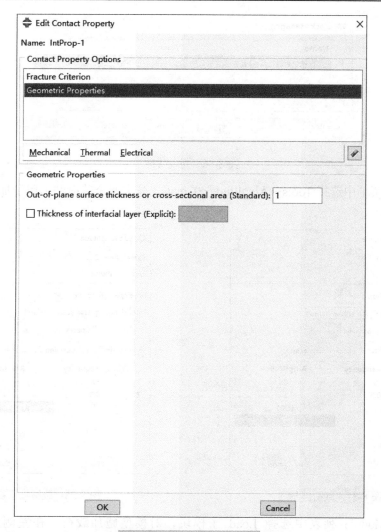

图 8-34 接触结合特性设置

(21)在主菜单中选择 Special→Crack→Create，选择 Debond using VCCT，初始载荷步为 Step-1，接触特性为 Int-1，如图 8-35 和图 8-36 所示。

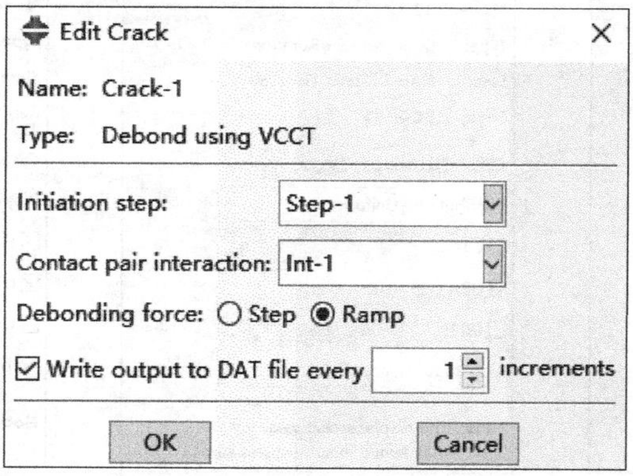

图 8-35 裂纹设置

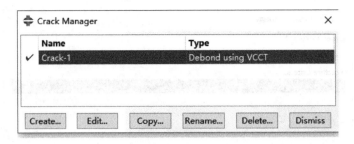

图 8-36 裂纹管理

(22) 在主菜单中选择 Tools→Amplitude→Create，建立两个载荷波形用于加载，如图 8-37 和图 8-38 所示。

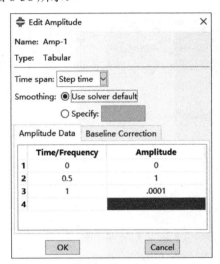

图 8-37 载荷波形-1

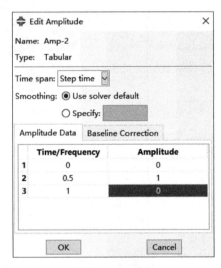

图 8-38 载荷波形-2

(23) 在 Module 列表中选择 Load 子模块，对模型施加载荷。在左侧工具栏中选择 Create Load，在 Types for Selected Step 中选择 Displacement/Rotation 位移载荷，分别对固定端施加全约束，加载点进行 Y 方向加载，如图 8-39～图 8-41 所示。

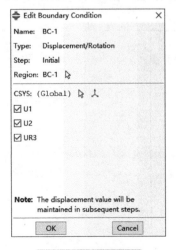

图 8-39 固定端约束

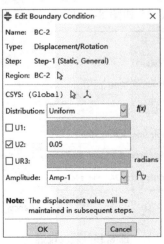

图 8-40 上层梁加载

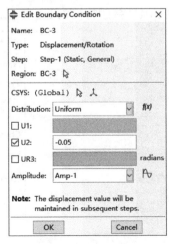

图 8-41 下层梁加载

2. 进行循环疲劳计算

(1) 回到 Step 模块，新建分析步 Step-2，分析类型为 Direct cyclic，总的循环时间默认为 1，如图 8-42 所示。

图 8-42 分析步基本设置

(2) 增量步设置如图 8-43 所示。

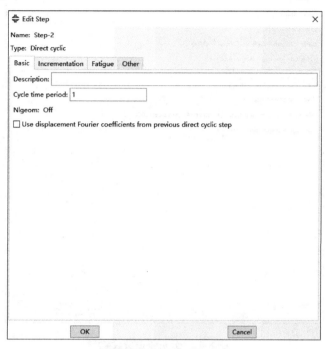

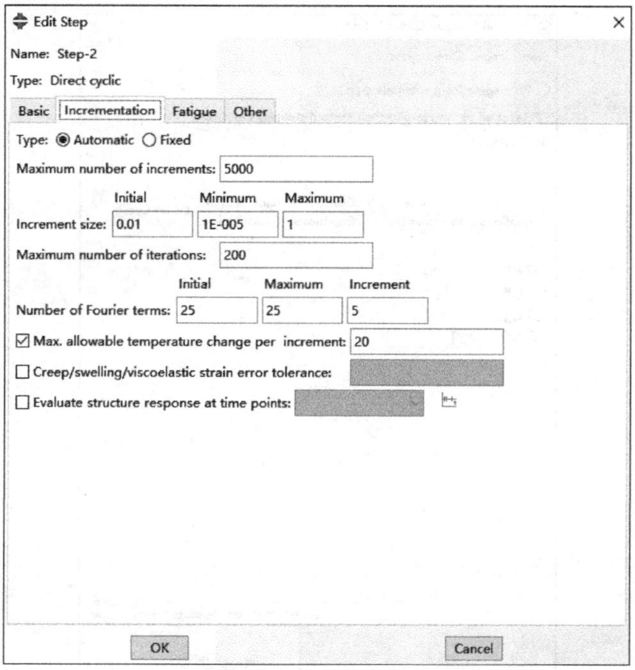

图 8-43 分析步增量步设置

(3) 在 Fatigue 选项卡选中 Include low-cycle fatigue analysis，并设置总的增量步为 2000000 次，其余参数设置如图 8-44 所示，单击 OK。

图 8-44 分析步疲劳设置

(4) 在菜单栏中选择 Other→General Solution Controls→Manager，弹出图 8-45 所示菜单，对循环参数进行修改。

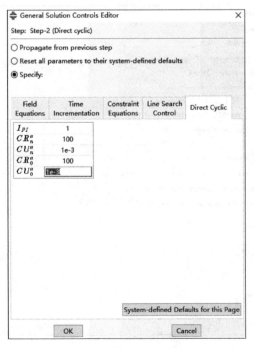

图 8-45 疲劳求解控制设置

(5) ABAQUS 当前版本界面不支持疲劳断裂准则的交互式设置,但可以通过添加关键字的方法对 INP 文件进行修改,达到设置的目的。在主菜单中选择 Model→Edit Keywords,在如图 8-46 所示位置添加如下两段关键字对疲劳断裂准则进行设置。

```
*DEBOND, slave=bottom-Surf, master=top-Surf,FREQ=1
*FRACTURE CRITERION,TYPE=fatigue
0.5,-0.1,4.8768E-6,1.15,,,0.8,0.8,
0,1.75
```

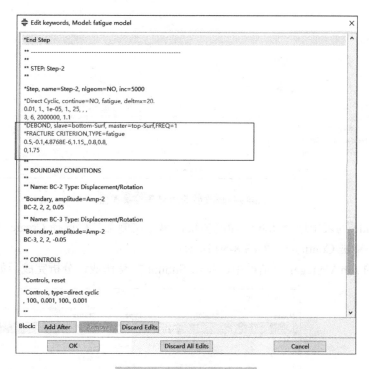

图 8-46 疲劳断裂准则设置

(6) 进入 Load 模块,将位移加载波形在 Step-2 中修改为 Amp-2,如图 8-47 和图 8-48 所示。修改后的边界条件管理器如图 8-49 所示。

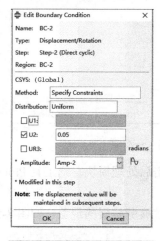

图 8-47 位移加载设置 BC-2

图 8-48 位移加载设置 BC-3

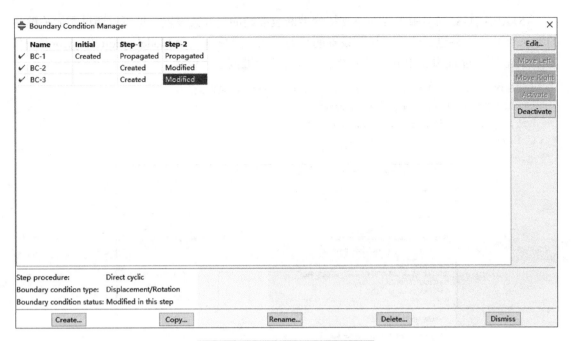

图 8-49　修改后的边界条件管理器

（7）在 Module 列表中选择 Job 子功能模块，单击左侧工具栏选择 Create Job 弹出对话框设置新的求解，单击 Continue，如图 8-50 所示。

（8）在弹出的 Job Manager 对话框中，单击 Submit 提交作业，分析完成后如图 8-51 所示。

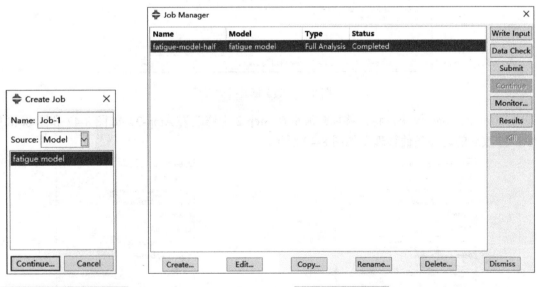

图 8-50　Create Job 对话框　　　　　图 8-51　分析完成

（9）单击 Results 进入 Visualization（后处理）模块，单击后处理模块左侧工具 Plot Contours on Deformed Shape 显示应力云图，云图如图 8-52 所示。

（10）观察到不同循环周次下，双层悬臂梁出现了裂纹疲劳扩展的现象，如图 8-53 所示。

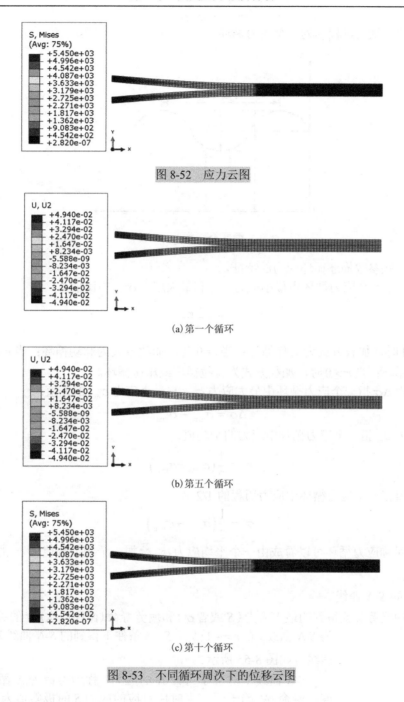

图 8-52 应力云图

(a) 第一个循环

(b) 第五个循环

(c) 第十个循环

图 8-53 不同循环周次下的位移云图

8.4 疲劳分析

8.4.1 疲劳极限

1. 交变载荷

在工程应用中,结构往往处于交变载荷作用下,交变载荷随着时间变化的曲线(图 8-54)称为应力谱。随着时间变化,应力在一个固定的最小值和最大值之间做周期性的交替变化,应力重复变化一次的过程称为一个应力循环。

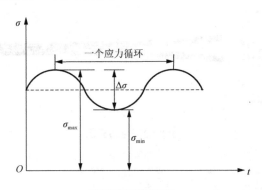

图 8-54　应力谱

通常用一些参数描述循环应力的特征。

应力比 r 指一个应力循环中最小应力 $\sigma_{\min}$ 和最大应力 $\sigma_{\max}$ 的比值：

$$r = \frac{\sigma_{\min}}{\sigma_{\max}} \tag{8-1}$$

当 $r=-1$ 时，加载方式为对称循环；当 $r=0$ 时，加载方式为脉动循环；当 $r<0$ 时，加载方式为拉压循环；当 $r>0$ 时，加载方式为拉拉循环或压压循环。

应力历程 $\Delta\sigma$ 指一个应力循环中最大应力 $\sigma_{\max}$ 与最小应力 $\sigma_{\min}$ 的差值：

$$\Delta\sigma = \sigma_{\max} - \sigma_{\min} \tag{8-2}$$

平均应力 σ_{m} 指一个应力循环中应力的平均值：

$$\sigma_{\mathrm{m}} = \frac{1}{2}(\sigma_{\max} + \sigma_{\min}) \tag{8-3}$$

应力幅值指一个应力循环中应力历程的 1/2：

$$\sigma_{\mathrm{a}} = \frac{1}{2}(\sigma_{\max} - \sigma_{\min}) \tag{8-4}$$

一个非对称应力循环可以看成由一个平均应力 σ_{m} 叠加一个应力幅值为 σ_{a} 的对称应力循环组合构成。

2. 材料的 S-N 曲线

通过单轴疲劳实验得到的最大应力（S 或者 σ）和疲劳寿命（循环周次）N 的关系曲线，称为 S-N 曲线。在 $r=-1$（$S_{\mathrm{a}} = S_{\max}$）条件下得到的 S-N 曲线为基本的 S-N 曲线，如图 8-55 所示。

S-N 曲线上对应于寿命 N 的应力，称为寿命为 N 循环的疲劳强度；寿命 N 趋于无穷大时所对应的应力 S 的极限值为 S_{f}，称为疲劳极限。"无穷大"一般由材料确定：钢材为 10^{7} 次循环，焊接件为 2×10^{6} 次循环，有色金属为 10^{8} 次循环。满足 $S < S_{\mathrm{f}}$ 的设计，称为无限寿命设计。

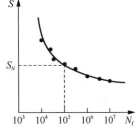

图 8-55　S-N 曲线

S-N 的数学表达一般有以下几种。

第一种最常用的是幂函数式：

$$S^{m} N = C \tag{8-5}$$

式中，m 和 C 为与材料、应力比、加载方式等有关的参数。两边取对数，有

$$\lg S = A + B\lg N \tag{8-6}$$

即 S-N 间有对数线性关系，参数 $A = \lg(C/m)$，$B = -1/m$。

第二种为指数形式：

$$e^{mS} N = C \tag{8-7}$$

两边取对数后成为

$$S = A + B\lg N \tag{8-8}$$

即 S-N 间有半对数线性关系。

第三种为 Basquin 公式：

$$S = \sigma'_f (2N)^b \tag{8-9}$$

式中，σ'_f 为疲劳强度系数；b 为材料常数。

第四种为三参数形式：

$$(S - S_f)^m N = C \tag{8-10}$$

考虑疲劳极限 S_f，且当 S 趋近于 S_f 时，$N \to \infty$。

8.4.2 疲劳分析方法

1. 缺口效应法

材料循环载荷下对于不同的结构，会有不同的疲劳寿命响应。例如，在缺口处会存在应力集中。结构构件缺口引起的应力集中，对疲劳强度的影响系数 K_f（也称疲劳缺口应力集中系数）为

$$K_f = \frac{\text{光滑试样疲劳强度}}{\text{缺口试样疲劳强度}} \tag{8-11}$$

构件尺寸、表面状态、外加载形式等都对 K_f 会有不同程度的影响。

构件在局部的理论应力集中系数 K_t 为

$$K_t = \frac{\text{最大局部应力}}{\text{名义应力}} \tag{8-12}$$

加载对缺口的敏感系数 q 可以由疲劳强度的影响系数 K_f 和理论应力集中系数 K_t 表示：

$$q = \frac{K_f - 1}{K_t - 1} \tag{8-13}$$

q 的取值介于 0～1。如果 $q = 0$，则表示无缺口效应；如果 $q = 1$，则表示对缺口非常敏感。所以有

$$1 \leqslant K_f \leqslant K_t \tag{8-14}$$

对于 q 有几种典型的计算公式，如 Peterson 定义：

$$q = \frac{1}{1 + \dfrac{a_p}{r}} \tag{8-15}$$

式中，r 为缺口根部的半径；a_p 为与晶粒大小和载荷有关的材料常数，表示损伤距缺口根部的临界距离。

另一种是 Neuber 定义：

$$q = \frac{1}{1+\sqrt{\frac{a_N}{r}}} \tag{8-16}$$

式中，r 为缺口根部的半径；a_N 为与晶粒大小有关的材料常数。

最后结合 Peterson/Neuber 定义与式(8-13)就可以求出疲劳强度的影响系数 K_f，通过疲劳强度的影响系数 K_f 和 S-N 曲线可以得到结构的疲劳寿命或设计结构的疲劳寿命。

2. 名义应力法

名义应力是指在不考虑几何不连续性(如孔、槽、带、波纹等)的情况下，在试样的有效横截面上计算得到的应力。名义应力法是最早形成的抗疲劳设计方法，它以材料或零件的 S-N 曲线为基础，对照结构疲劳危险部位的应力集中系数和名义应力，结合疲劳损伤累积理论，校核疲劳强度或计算疲劳寿命。

名义应力法的基本假设为：对于相同材料制成的任意构件，只要应力集中系数 K_t 相同，载荷谱相同，则它们的疲劳寿命相同。

名义应力法估算构件疲劳寿命的两种做法：直接按构件的名义应力和相应的 S-N 曲线估算该构件的疲劳寿命；对材料的 S-N 曲线进行修改，得到构件的 S-N 曲线，然后估算其疲劳寿命。材料 S-N 曲线修正为

$$S_a = \frac{\sigma_a}{K_f} \varepsilon \beta C_L \tag{8-17}$$

式中，β 为表面质量系数；C_L 为加载方式系数；σ_a 对应于材料 S-N 曲线中的应力；而 S_a 对应于构件 S-N 曲线中的应力。如载荷的平均应力不为零，则还需进行平均应力修正。

3. 缺口应变分析法

已知缺口名义应力 S，名义应变 e 则由应力-应变方程给出。设缺口局部应力为 σ，局部应变为 ε。

若 $\sigma < \sigma_{ys}$（屈服强度），属于弹性阶段，则有

$$\sigma = K_t S, \quad \varepsilon = K_t e \tag{8-18}$$

若 $\sigma > \sigma_{ys}$，不可用 K_t 来描述，则下面重新定义：

$$\sigma = K_\sigma S, \quad \varepsilon = K_\varepsilon e \tag{8-19}$$

若再补充 K_σ、K_ε 和 K_t 间的关系，即可求解 σ 和 ε。对于三者的关系，有两种理论。

线性理论，在弹性阶段应力集中与应变集中对应，假设在塑形阶段应变集中与弹性阶段一致，则

$$K_\varepsilon = \varepsilon/e = K_t \tag{8-20}$$

如图 8-56 所示，在已知 S(或者 e)的情况下，根据应力-应变关系可以求得 e(或者 S)，从而得到局部的应变 ε，再由应力-应变关系

$$\varepsilon = \frac{\sigma}{E} + \left(\frac{\sigma}{K}\right)^{1/n} \tag{8-21}$$

计算得到局部应力 σ。图中 C 点即为线性理论给出的解。

另一种为 Neuber 理论，假定

$$K_\varepsilon K_\sigma = K_t^2 \tag{8-22}$$

在式(8-22)两端同时乘以 eS，化简得到双曲线：

$$\sigma\varepsilon = K_t^2 eS \tag{8-23}$$

如图 8-57 所示，在已知 S（或者 e）的情况下，根据应力-应变关系可以求得 e（或者 S），再结合 Neuber 双曲线应力-应变关系联立求解 σ 和 ε。图中，Neuber 双曲线与材料 σ-ε 曲线的交点 C，就是 Neuber 理论的解答，比线性解答保守。

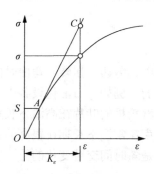

图 8-56 缺口局部应力-应变曲线

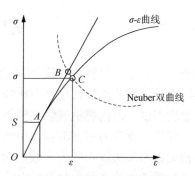

图 8-57 缺口局部应力-应变曲线

第9章 材料力学性能的进一步研究

9.1 概述

前面章节介绍了材料在静载(用准静态实验)拉伸、压缩、剪切、扭转、弯曲时的力学性能。实际上,结构或构件往往是在比较复杂的条件下工作的。例如,石油化设备中有些机器的工作温度很低,而内燃机或燃气轮机的工作温度很高;汽轮机的叶片在高温下长期受很大的离心力作用;预应力钢筋混凝土中的预应力钢筋或钢丝束在常温下长期在很高的预拉力下工作;桥梁、吊车梁以及绝大多数的动力机械所受载荷多是随时间交替变化的等。因此,在强度计算时需考虑这些因素对材料力学性能的影响。

9.2 应变速率和应力速率相关材料力学性能实验

1. 实验目的

(1)测定在不同加载速率下的低碳钢的屈服应力和抗拉强度。
(2)了解在不同加载方式下材料表现出的力学性能。
(3)对比相同加载方式不同加载速率对材料力学性能的影响。

2. 实验设备

(1)游标卡尺。
(2)万能实验机。
(3)引伸计。

3. 实验试样

按照国家标准 GB/T 228.1—2010 采用室温单轴拉伸试样,一般拉伸试样由三部分组成,即工作部分、过渡部分和夹持部分(图9-1)。工作部分必须保持光滑均匀以确保材料表面的单向应力状态。均匀部分的有效工作长度 L_0 称为标距。d_0、S_0 分别代表工作部分的直径和面积。过渡部分必须有适当的台肩和圆角,以降低应力集中,保持该处不会断裂。试样两端的夹持部分用以传递载荷,其形状尺寸应与实验机的钳口相匹配。

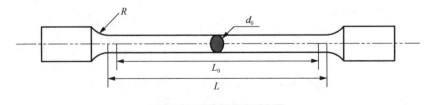

图9-1 圆形截面拉伸试样

4. 实验步骤

(1)选取试样并进行编号。
(2)用游标卡尺测量试样的原始直径 d_0(用游标卡尺在等直段上选取试样的两端和中央

的三个截面,每一个截面沿互相垂直的两个方向测出直径,取平均值),得到数据后看数据是否符合 R_4 试样公差要求。若符合,则计算各截面的平均值;若不符合,则重新测量。将测定的数据填写到表 9-1 中。

(3) 标识试样标距 L_0(划线)。
(4) 装卡引伸计至试样的标距内。
(5) 将试样安装在实验机的上下头之间。
(6) 采用位移控制(力控制)在计算机的控制下输入所需的加载速率,完成程序调试。
(7) 启动测试过程,由计算机记录载荷-伸长量数据。
(8) 在载荷达到最大值时(出现颈缩)取下引伸计。
(9) 加载直至试样断裂,取下试样。
(10) 采用不同的位移速率重复以上实验,将不同加载速率下的实验数据经过处理后填写到表 9-2 中。

5. 实验结果处理

强度指标计算:

屈服应力:
$$\sigma_y = \frac{F_y}{A_0} \tag{9-1}$$

抗拉强度:
$$\sigma_b = \frac{F_b}{A_0} \tag{9-2}$$

屈服载荷 F_y 取屈服平台的下限值。F_b 取 $F\text{-}\Delta L$ 曲线的最大载荷。

将不同应变速率和应力速率下的实验结果进行对比,比较不同速率下的材料性质。

表 9-1 实验记录数据

材料试样	原始直径 d/cm								
	截面(Ⅰ)			截面(Ⅱ)			截面(Ⅲ)		
			平均			平均			平均

表 9-2 实验记录数据

材料	加载方式	加载速率	屈服极限 σ_y/MPa	抗拉强度 σ_b/MPa

根据实验结果将不同应变速率下的应力-应变数据进行对比。

9.3 温度相关材料力学性能实验

1. 实验目的

(1) 测定不同加载速率下的高分子材料的屈服应力和抗拉强度。
(2) 了解温度下材料的力学性能的影响。

2. 实验设备

(1) 万能实验机。
(2) 游标卡尺。
(3) 引伸计。
(4) 高温炉。
(5) 热电偶。
(6) 温度测量装置。

3. 实验试样

试样采用一般拉伸试样，试样示意图如图 9-1 所示。

4. 实验步骤

(1) 选取试样并进行编号。

(2) 用游标卡尺测量试样的原始直径 d_0（用游标卡尺在等直段上选取试样的两端和中央的三个截面，每一个截面沿互相垂直的两个方向测出直径，取平均值），得到数据后看数据是否符合 R_4 试样公差要求。若符合，则计算各截面的平均值；若不符合，则重新测量，将测量的实验数据填写到表 9-3 中。

(3) 标识试样标距 L_0（划线）。

(4) 将试样安装在实验机的上下头之间。

(5) 装卡引伸计至试样的标距内。

(6) 在试样上、中、下三处分别贴上热电偶，将温度控制装置调试所需实验温度，当温度达到实验温度后，保持 10min。

(7) 在计算机的控制下输入所需加载速率，完成程序调试。

(8) 启动测试过程，由计算机记录载荷-伸长量数据。

(9) 在载荷达到最大值时（出现颈缩）取下引伸计。

(10) 加载直至试样断裂，关闭温度控制装置和实验机。

(11) 等高温炉温度降低后取下试样。

(12) 重复步骤 (2)～(11)，采用不同的温度进行实验，将不同温度下的实验数据经过处理后填写到表 9-4 中。

5. 实验结果处理

强度指标计算与式 (9-1) 和式 (9-2) 相同。

将不同温度下的实验结果进行对比，比较不同温度下的材料性质。

6. 实验数据

表 9-3 实验记录数据

材料试样	原始直径 d/cm								
	截面（Ⅰ）			截面（Ⅱ）			截面（Ⅲ）		
			平均			平均			平均

表 9-4　实验记录数据

材料	加载方式	加载温度	屈服极限 σ_y/MPa	抗拉强度 σ_b/MPa

根据实验结果将不同温度下的应力-应变数据进行对比。

9.4　金属材料的蠕变和应力松弛实验

1. 实验目的
(1) 观察金属的蠕变和应力松弛现象。
(2) 了解金属的蠕变和应力松弛实验曲线。

2. 实验仪器
(1) 蠕变实验机。
(2) 高温炉。
(3) 温度控制装置。
(4) 热电偶。
(5) 引伸计。
(6) 游标卡尺。

3. 实验试样
按照国家标准《金属材料　单轴拉伸蠕变试验方法》(GB/T 2039—2012)，试样加工成圆形比例试样($L_0 = k\sqrt{S_0}$)，k 取值 11.3，试样如图 9-2 所示。

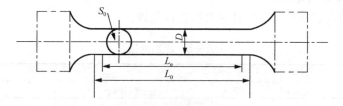

图 9-2　圆形试样

4. 实验原理
1) 金属材料的蠕变

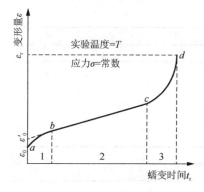

图 9-3　典型蠕变曲线

在恒定温度下，一个受单向恒定载荷（拉或压）作用的试样，其变形 ε 与时间 t 的关系可用图 9-3 所示的典型的蠕变曲线表示。曲线可分下列几个阶段。

第 1 阶段：减速蠕变阶段（图中 ab 段），在加载的瞬间产生了的弹性变形 ε_0，以后随加载时间的延续变形连续进行，但变形速率不断降低。

第 2 阶段：恒定蠕变阶段（图中 bc 段），此阶段蠕变变形速率随加载时间的延续而保持恒定，且为最小蠕变速率。

第 3 阶段：曲线上从 c 点到 d 点断裂为止，也称加速蠕变阶段，随蠕变过程的进行，蠕变速率显著增加，直至最终产生蠕变断裂。d 点对应的 t_r 就是蠕变断裂时间，ε_r 是总的蠕变应变量。

温度和应力也影响蠕变曲线的形状。在低温、低应力下实际上不存在蠕变第 3 阶段，而且第 2 阶段的蠕变速率接近于零；在高温高应力下主要是蠕变第 3 阶段，而第 2 阶段几乎不存在。

2) 金属材料的应力松弛

松弛和蠕变是一个问题的两个方面。材料在恒定高温下工作，当保持应力恒定就产生蠕变，而当保持总应变恒定就产生应力松弛，图 9-4 所示为应力松弛曲线，其中 σ_0 为试样的初始应力，σ_0' 为第 2 阶段假定初始应力，α 为第 2 阶段松弛曲线与横坐标的夹角。第 1 阶段应力随时间急剧降低；第 2 阶段应力下降逐渐缓慢并趋向稳定，应力与时间呈线性关系。

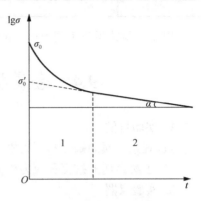

图 9-4　应力松弛曲线

5. 实验步骤

(1) 采用游标卡尺测得试样直径，在试样标距段的两端及中间截面处，沿两相互垂直方向测量直径各一次，并计算各截面直径的算术平均值。选用三个截面中平均直径的最小值计算截面的扭转截面系数。

(2) 夹持试样，使试样纵轴与上、下夹具中心连线相重合，要松紧适宜，以免试样滑脱。

(3) 在试样上、中、下三处贴上热电偶，并将高温炉闭合。

(4) 将高温炉温度调制到 400℃，将试样进行加热，温度达到 400℃后保持 10min。

(5) 进行加载，蠕变实验将应力加载到 200MPa，保持 3600s（应力松弛实验，将应变保持不变，保持 3600s）。

(6) 记录实验数据。

6. 原始数据及数据处理

将原始数据填入表 9-5 中，并对对数据进行处理。

表 9-5　原始数据

材料试样	原始直径 d/cm		
	截面（Ⅰ）	截面（Ⅱ）	截面（Ⅲ）

在表 9-6 中记录蠕变测量数据。

表 9-6　蠕变测量数据

保持时间					
应变					

绘制应变-时间曲线。

在表 9-7 中记录应力测量数据。

表 9-7　应力松弛测量数据

保持时间					
应力					

最后，绘制应力-时间曲线。

9.5 材料一些特殊力学性能的模拟

9.5.1 蠕变有限元模拟

1. 问题描述

有限元软件都有专门的蠕变问题求解模块，本节采用 ABAQUS 软件，对蠕变进行简单模拟。在此简化了塑性蠕变问题，如降低非弹性应变与蠕变应变的耦合度，将分析问题先添加一个静态加载过程，然后进行蠕变过程分析。

2. 有限元分析

9-1 蠕变

1）创建部件

在 Module 列表中选择 Part 子模块，选择 2D→Planar→Deformable→Shell 创建蠕变模型，如图 9-5 所示。

2）设置材料和截面特征

（1）定义材料属性，在窗口 Module 模块中，选择 Property（参数）子模块。单击左侧 Create Material，弹出对话框，设置蠕变 Creep 相关参数，如图 9-6 所示。

（2）选择 Mechanical→Elasticity→Elastic 设置弹性模量与泊松比，如图 9-7 所示。

（3）选择 Plastic 设置材料塑性，如图 9-8 所示。

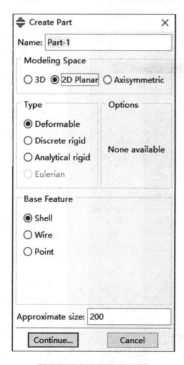

图 9-5 选择部件类型

图 9-6 设置蠕变参数

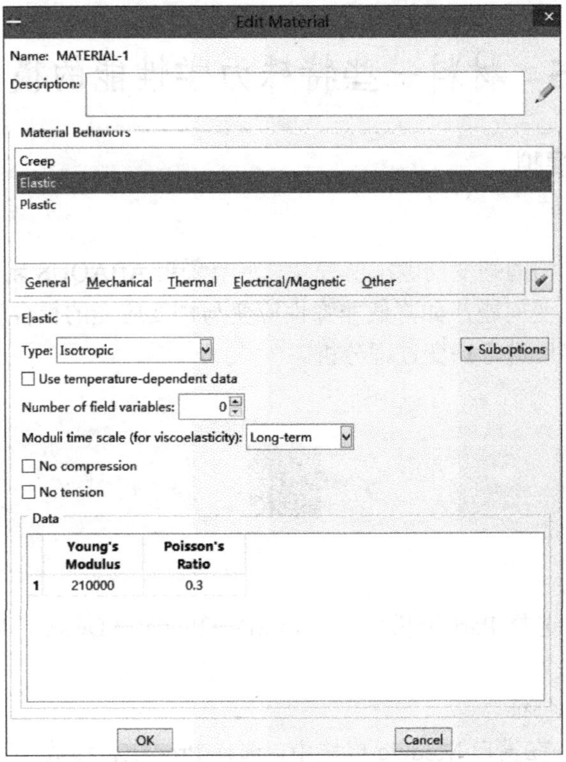

图 9-7 设置弹性参数

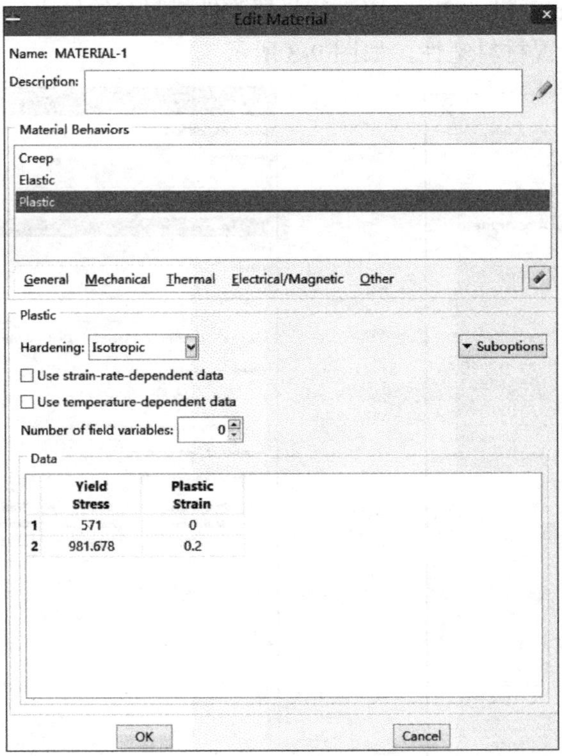

图 9-8 设置材料塑性

(4)分配截面特性,单击 Assign Section,赋予部件截面特性,如图 9-9 所示。

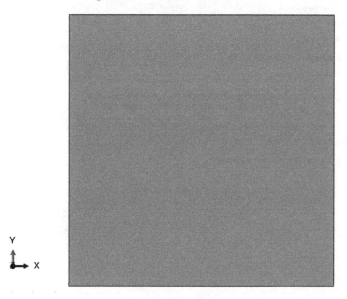

图 9-9 赋予模型参数

3)装配部件

选择 Module 中 Assembly 子模块,单击 Instance Part 弹出 Create Instance,使用默认属性,如图 9-10 所示。

图 9-10 装配部件

4)设置分析步

(1)选择 Step 子模块,先设置 Step-1 初始应力场,选择 Static, General,然后单击 Continue,在弹出框设置参数选择默认参数,单击 OK 确认,如图 9-11 所示。

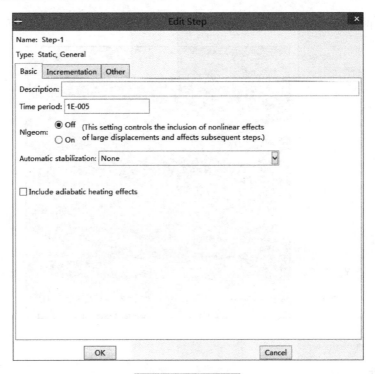

图 9-11　选择分析步

(2)蠕变是一个与时间相关的过程，必须设置时间。同时蠕变是一个惯性效应不明显的过程，结构的加速度效应不需要考虑。ABAQUS 提供了专门针对这一类型的分析步，单击 Create Step，设置 Step-2 分析步，设置蠕变总时间，如图 9-12 所示。

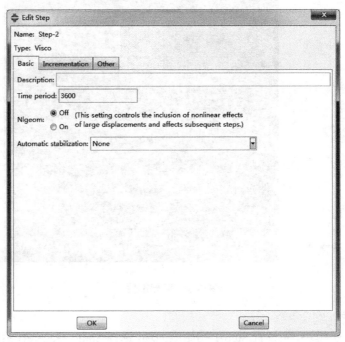

图 9-12　设置分析步时间历程

(3) ABAQUS 中蠕变的容差设置会影响到增量步大小，如果容差设得小，增量步也会降低。因此，一个合适的蠕变应变容差的设置，既能保证精度也能不使增量步过小，一般 1E-6～1E-4（1×10^{-6}～1×10^{-4}），容差可以根据具体计算来调整。参数设置如图 9-13 所示。

图 9-13　设置蠕变时间参数

5）施加边界条件和载荷

(1) 单击进入 Step 子模块，创建初始约束，单击 Continue，如图 9-14 所示。

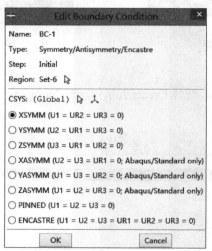

图 9-14　施加边界条件

(2) 设置约束边界，模型左右固定 X 方向位移，底边固定 Y 方向位移，图 9-15 和图 9-16 所示。

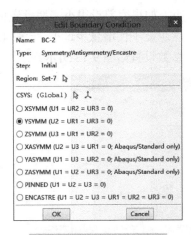
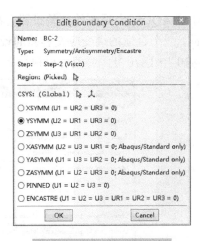

图 9-15 选择边界(X方向)　　　　图 9-16 选择边界(Y方向)

(3)施加载荷选择，顶边施加 Y 方向载荷，如图 9-17 所示。

6) 划分网格

网格效果，如图 9-18 所示。

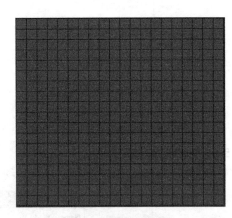

图 9-17 施加载荷　　　　图 9-18 网格效果

7) 运行分析，提交作业

(1)选择 Job 子功能模块，选择 Create Job，单击 Continue，弹出对话框单击 Submit 提交作业，如图 9-19 所示。

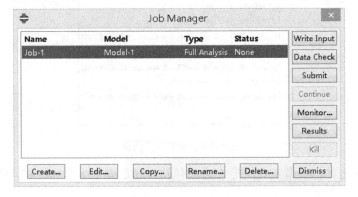

图 9-19 创建 Create Job

(2) 对话框中 Status 依次变化为 Submitted→Running→Completed 时表示求解结束，单击 Results 进入 Visualization(后处理)模块，显示位移云图，如图 9-20 所示。

图 9-20　提交作业调取蠕变应变云图

(3) 调取蠕变随时间的变化曲线，如图 9-21 所示。

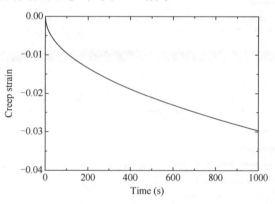

图 9-21　蠕变-时间曲线图

结论：由图 9-21 可知，平板发生蠕变，随着时间变化，第一阶段初始阶段，蠕变率随时间增加而减小，第二阶段蠕变率趋于平稳。

9.5.2　带孔平板的热应力分析

1. 问题描述

承受拉力的平板，其中心位置有一圆孔，其材料参数如表 9-8 所示，整个平板的初始温度为 20℃，当温度升高到 120℃时，平板会发生热膨胀，而平板顶部的固支约束会限制模型的变形，模型的应力发生相应的改变。

表 9-8　材料参数

弹性模量 E/MPa	泊松比 ν	线膨胀系数
210000	0.3	1.35×10^{-5}/℃

2. 有限元分析

9-2 热应力分析

通过力学分析可知该问题为平面问题，由于平板几何和载荷的对称性可以选取其 1/4 进行建模分析。

1) 选择模块列表 Module 下 Part 功能模块建模

选取左侧工具中的 Create Part 工具，弹出对话框，依次选择 2D Planar→deformable→Shell，其余参数不变。画网格时注意，选择 Seed Edges: By Number，边界均分 8 份，最后平板模型与网格如图 9-22 所示。

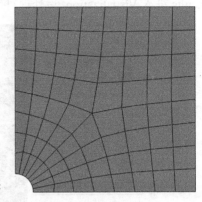

图 9-22 创建模型

2) 定义材料的线膨胀系数

在 Property 功能模块，选择 Mechanical→Expansion，输入线膨胀系数 1.35e-5（1.35×10^{-5}），如图 9-23 所示。

图 9-23 定义热膨胀系数

3) 设置分析步

(1) Step 模块中设置分析类型为 Static，General，单击 Continue。如图 9-24 所示。

(2) 弹出 Edit Step 对话框，保持默认参数不变，单击 OK。如图 9-25 所示。

第 9 章 材料力学性能的进一步研究

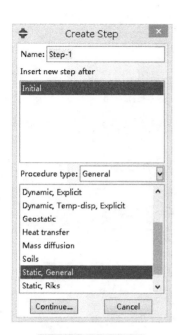

图 9-24 设置分析步

图 9-25 设置分析步参数

4) 创建预定力场

定义预应力场来定义初始温度场,在 Load 功能模块,选择主菜单 Field-Manager。

(1) 单击 Create,在 Magnitude 后输入初始温度 20℃,如图 9-26 和图 9-27 所示。

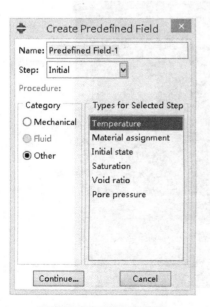

图 9-26 定义初始温度场

图 9-27 定义初始温度场

(2) 使用预定力场来使模型的温度升高至 120℃,Field manager 对话框中,单击分析步下 Propagated,弹出 Edit Predefined Field 对话框,如图 9-28 所示,修改 Magnitude 为 120。

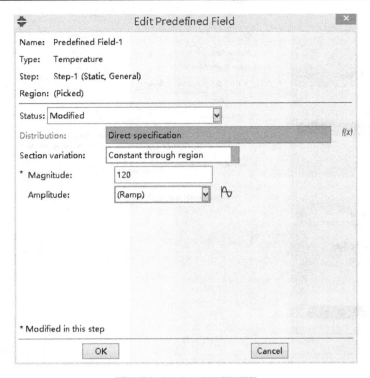

图 9-28 定义预应力温度场

5) 载荷及边界条件设置

进入 Load 模块,模型底边 Y 方向约束,左边 X 方向约束,顶部添加固支边界条件,载荷如图 9-29 所示,设置单元类型如图 9-30 所示。

图 9-29 施加载荷

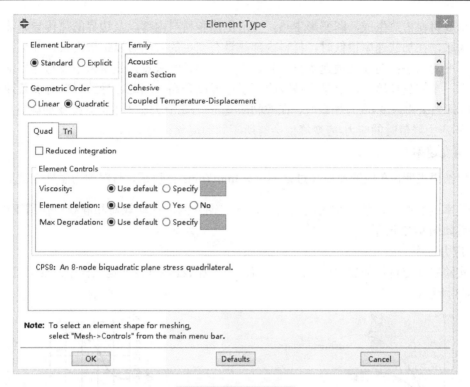

图 9-30 设置单元类型

6) 提交作业及显示云图

提交作业,进入后处理模块,显示 Mises 应力云图和温度云图,如图 9-31 所示。

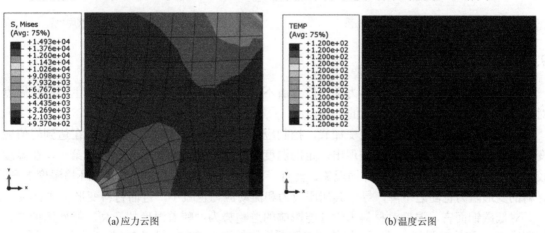

(a) 应力云图　　　　　　　　　　　　(b) 温度云图

图 9-31 Mises 应力和温度云图

9.6 材料力学性能评估方法

9.6.1 率相关理论

率相关理论主要是指材料应变速率和应力速率对材料力学性能的影响。

率相关性主要是变形过程中热-力耦合的作用结果。一方面,在非弹性变形中,机械耗散会同时造成材料内热生成，即变形生热。变形生热和材料内部以及边界的热传导、热对流形成竞争关系，在加载速率很低时，材料内部热量有充足的时间可以扩散出去，并达到一个温度基本不变的状态；而在加载速率很大时，由于变形时间极短，热量来不及与外界交换，相当于处在一个密封环境中，热量将被吸收而引起温度升高。因此，导致材料对加载速率的强烈依赖，即当采用应变-应力加载时，在控制应变-应力峰值大小不变时，改变加载时间，结果达到应变-应力峰值时的应力-应变峰值会有所不同的现象称为率相关。

1. 应变速率

实验结果表明，在应变速率超过 $\dot{\varepsilon} \approx \dfrac{d\varepsilon}{dt} = 3\text{mm}/(\text{mm}\cdot\text{s})$ 以后，材料的力学性能就显著地受到应变速率的影响，习惯上称为动载荷。以低碳钢为例，在动载荷和静载荷作用下的应力-应变关系如图 9-32 所示。

2. 应力速率

在实验室测定材料的屈服应力时，屈服应力与加载速率（也就是试样中的应力速率）关系如图 9-33 所示。

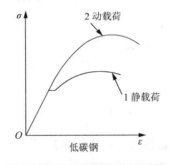

图 9-32 低碳钢应力应变关系

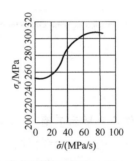

图 9-33 屈服应力与应力率的关系

9.6.2 温度相关理论

温度，尤其是高温，对材料力学性能有着不可忽视的影响，温度相关理论主要是指温度对部分金属及合金材料力学性能的影响。

在不同环境温度下，采用应变加载，控制应变及加载速率不变，可以发现在达到峰值应变时的峰值应力也不一样，即呈现出一定的温度相关性。其原因主要有两个：第一，在温度较高时，由于金属材料的热胀冷缩现象，会有一定的温度热应变产生；第二，环境温度上升，材料的变形阻力也随之下降，导致其屈服应力和流动应力也减小，进而材料变形更加容易。

对低碳钢而言，温度对材料力学性能影响的总趋势为：随着温度的升高，弹性模量 E、屈服应力 σ_s 和抗拉强度 σ_b 降低，伸长率 δ 和断面收缩率 ψ 增加，但在 260℃ 以下随温度升高，σ_b 反而增大，ψ 同时减小。

9.6.3 蠕变和松弛理论

1. 蠕变

固体材料在保持应力不变的条件下，随时间延长其应变逐渐增加的现象称为蠕变。不同于塑性变形通常在应力超过弹性极限之后才出现，蠕变只要应力的作用时间足够长，它在应力小于弹性极限时也能出现。许多材料(如金属、塑料、岩石和冰)在一定条件下都表现出蠕变的性质。

在一定的高温条件下,即使构件上的应力不变,塑性变形也会随时间而缓慢增加,直至破坏,如图9-34所示。

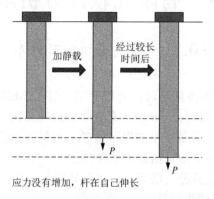

图 9-34 蠕变

蠕变特点如图9-35所示。由图可以看出,应力越高,温度越高,蠕变速率也就越快。

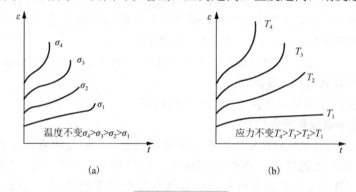

图 9-35 蠕变特点

2. 应力松弛

在一定的高温下,构件上的总变形不变时,弹性变形会随时间延长而转变为塑性变形,从而使构件内的应力变小,如图9-36所示。这种现象称为应力松弛,它可理解为一种广义的蠕变。

应力松弛的速率如图9-37所示。由图可以看出,初应力越大,温度越高,松弛速率越大。

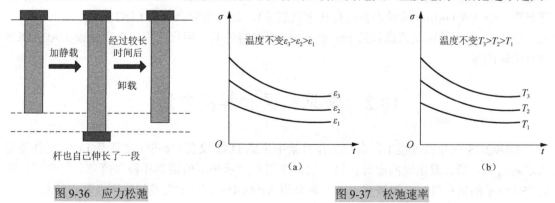

图 9-36 应力松弛　　　　　图 9-37 松弛速率

第 10 章 有限元软件分析常见错误

10.1 错误查看和分析

ABAQUS 在分析过程中发生问题时，会在 DAT 文件、MSG 文件和 LOG 文件中显示相应的错误信息（error）或警告信息（warning），有些信息意味着模型出现问题，有些信息意味着求解设置出现问题，也有些信息是正常的提示信息。不要因为错误信息和警告信息而恐慌，要学会分析原因，熟练掌握一些常见错误的解决方法。

下面对这些文件中的错误或警告信息的区别和处理方法进行介绍。

1. DAT 文件中的错误或警告信息

DAT 文件显示了对 INP 文件进行预处理所生成的信息。无论使用显式算法求解还是隐式算法求解，在提交作业后，都会首先对 INP 文件进行预处理。大多数错误信息是由 INP 文件存在格式错误造成的，如文件中出现空行、关键词及参数和数据书写错误、关键词位置错误、节点编号和单元编号或集合名称前面没有加上实体名称等。

DAT 文件中的信息还包括材料塑性数据格式错误、单元没有定义截面属性、重启动分析错误、过约束、磁盘空间不足等。

总之，DAT 文件中的错误往往是"低级"的错误。

2. MSG 文件中错误和警告信息

MSG 中的信息是在 ABAQUS 分析中出现的问题信息，如过约束、零主元、数值奇异、负特征值等。另外，还包括局部塑性变形过大、接触的过盈量过大、过多的迭代、内存空间不足等。当 ABAQUS 完成预处理后，若模型没有严重的错误，求解器就会开始进行求解，并且在 MSG 文件中显示重要的分析过程信息，其中大部分警告都预示模型存在一定的问题。

3. LOG 文件中的错误信息

如果模型存在问题，提交作业后，ABAQUS 就会在 DAT 文件、MSG 文件中显示错误或警告信息。但如果求解过程异常终止，而在 DAT 文件、MSG 文件的结尾没有出现相关提示信息，就很可能不是模型本身的问题，而是其他原因造成的终止（如环境变量设置错误、子程序异常、C++或 Fortran 编译语言没有正常安装等），此时就应当查看 LOG 文件。

LOG 文件中的错误信息包括 pre_memory 设置得过大、用户子程序出现错误、ABAQUS 本身的缺陷等。

10.2 常见错误和解决方法

ABAQUS 在分析过程中，会在工作目录中生成 DAT 文件、MSG 文件及 LOG 文件等显式求解信息。当计算出现问题时，以上文件中将会显示相应的错误和警告信息。用户可以根据文件提示的信息进行模型调整。本节将介绍 ABAQUS 计算中常见的错误及警告信息。

10.2.1 DAT 文件常见错误和警告信息

***ERROR: 250 elements have missing property definitions. The elements have been identified in element set ErrElemMissingSection.

如图 10-1 所示的错误信息提示，该错误通常为没有为整体或部分单元赋予截面属性或截面属性类型定义错误，需对单元截面属性进行重新定义。

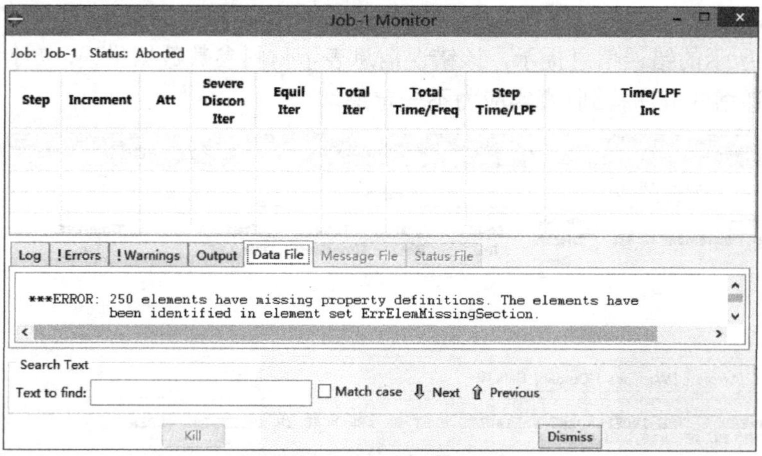

图 10-1　截面属性定义错误

***WARNING: OVERCONSTRAINT CHECKS: NODE 336 INSTANCE PART-1-1 IS USED MORE THAN ONCE AS A SLAVE NODE IN THE *TIE KEYWORD. THE CONSTRAINT BETWEEN THIS NODE AND THE MASTER SURFACE WITH NODE 397 INSTANCE PART-1-1 IS REMOVED.

如图 10-2 所示的警告信息提示，表示模型中存在过约束。可以发现，存在过约束时模型也有可能计算，但是过约束的存在表示此模型不一定能得到正确分析结果，对于 Standard 分析，应查看 MSG 文件是否出现 Overconstraint Checks 和 Zero Pivot 警告信息。如果没有，表明 ABAQUS 已经自动消除过约束。若存在以上信息，表示 ABAQUS 无法消除过约束，可能导致模型不收敛或者错误结果。

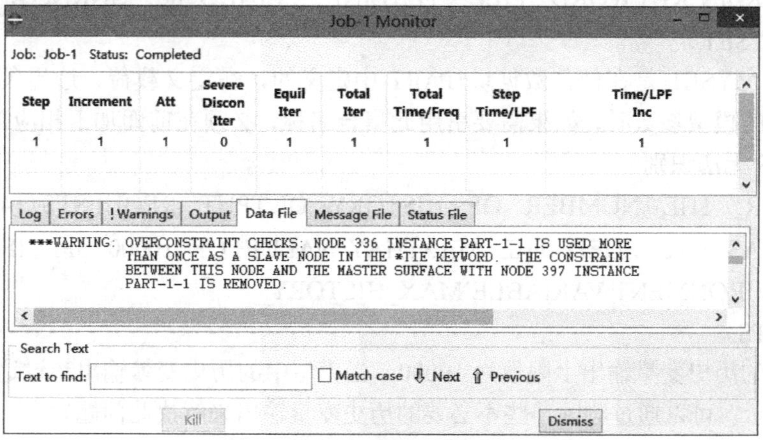

图 10-2　过约束警告

***ERROR: The plastic strain at first yield must be zero.

如图 10-3 所示的错误信息提示，材料参数数据错误，塑性数据中，在屈服点处的塑性应变应该为 0。

图 10-3　材料屈服强度处应变设置错误

***ERROR: THE INDEPENDENT VARIABLES MUST BE ARRANGED IN ASCENDING ORDER LINE IMAGE: 610., 0.0015.

如图 10-4 所示的错误信息提示，该错误信息表示材料参数数据错误，塑性数据中，塑性应变必须按照递增的顺序排列（真实应力不一定递增）。

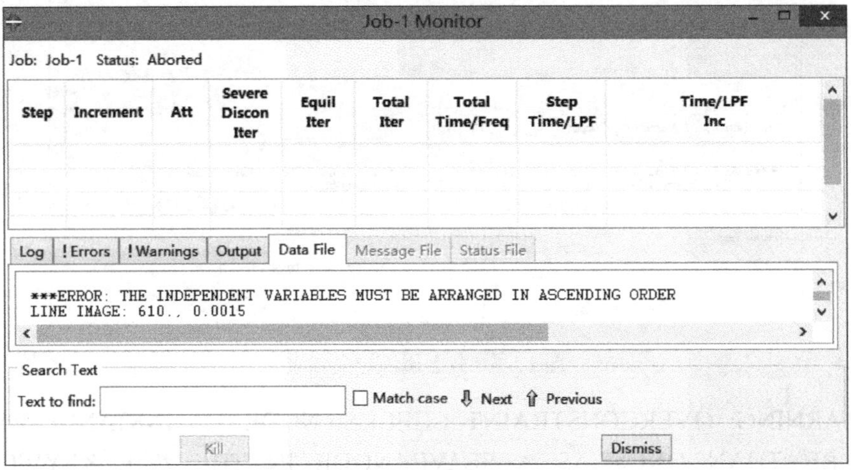

图 10-4　材料塑形设置错误

***ERROR: UNABLE TO COMPLATE FILEWRITE CHECK THAT SUFFICIENT DISK SPACE IS AVAILABLE FILE IN USE AT FAILURE ISFIT.STT.

***ERROR: SEQUENTIAL I/O ERROR ONUNIT 23 OUT OF DISK SPACE OR DISK QUOTA EXCEEDED.

以上错误信息表示磁盘空间不足，无法完成预处理。

***ERROR: IN KEYWORD *FILE"TEST.INP". LINE 9980：UNKNOWN ASSEMBLY NODE SET MYSET.

节点几何 MYSET 是在部件数据块*PART 中定义的，在定义载荷、边界条件、预定义场等基于装配件的模型参数时，如果需要引用此集合名称，必须在前面加上相应部件实体名称，否则 ABAQUS 无法识别。

***ERROR: THE NUMBER OF HISTORY OUTPUT REQUESTS（14904）IN THIS ANALYSIS HAS EXCEEDED THE MAXIMAY VALUE OF 10000 SPECIFIED BY THE ABAQUS ENVIRONMENT VARIABLE'MAX_HISTORY_

REQUESTS.

软件默认的历史变量输出上限值为 10000，当模型中的历史变量输出超过这个值时就会出现这个错误提示。可以通过删除一些不必要的历史变量输出来解决此问题。

***ERROR: MASS IS NOT DEFINED FOR THE RIGID BODIES WITH THE

REFERENCE NODES LISTED BELOW,BUT NOT ALL TRANSLATIONAL DEGREES OF FREEDOM ARE CONSTRAINED AT THE REFERENCE NODE.

***ERROR: ROTARY INERTIA FOE THE RIGID BODIES WITH THE REFERENCE NODES LISTED BELOW ARA NOT POSITIVE DEFNITE.

在进行动态分析时，若刚体参考点的自由度没有被全部约束，则需要在刚体参考点定义整个刚体的相应方向上的质量(Mass)或转动惯量(Rotary Inertia)。可以通过添加适当的边界条件或添加相应质量、转动惯量来解决此问题。

***ERROR: A CONCENTRATED LOAD HAS BEEN SPECIFIED ON NODE SET ASSEMBLY_M_SET-2.THIS NODE SET IS NOT ACTIVE IN THE MODEL.

如图 10-5 所示的错误信息提示，设置参考点后，在参考点上施加载荷，但是此参考点并没有与实体建立关系，ABAQUS 会认为这个参考点是一个多余的点，在提交分析时该点会被删除。可以通过将此参考点与需要时间载荷的区域建立耦合约束来解决。

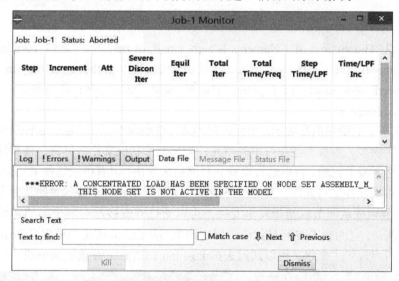

图 10-5　施加载荷的参考点与实体未建立关系

***ERROR: A HEAT TRANSFER ANALYSIS IS NOT MEANINGFUL SINCE MEANINGFUL SINCE THERE ARE NO TEMPERATURE DEGREES OF FREEDOM IN THE MODEL.

***ERROR: DEGREE OF FREEDOM 18 AND AT LEAST ONE OF DEGREES OF FREEDOM 1 THRU 7 MUST BE ACTIVE IN THE MODEL.

选取的单元类型不能用于传热分析或温度-位移耦合场的分析。需要重新对模型进行网格划分，使用其他类型的单元类型，如 C3D8T 等。

***WARNING: 121 elements are distorted. Either the isoparametric angles are out of the suggested limits or the tuiangular or tetrahedral quality measure is bad. The elements have been identified in element set WarnElemDistorted.

如图 10-6 所示的警告信息提示，有 121 个单元的形状是扭曲的，并且这些单元被保存在集合 WARNELEMD-ISTORTED 里面。可以通过对扭曲单元所在区域重新划分网格来解决这个问题。

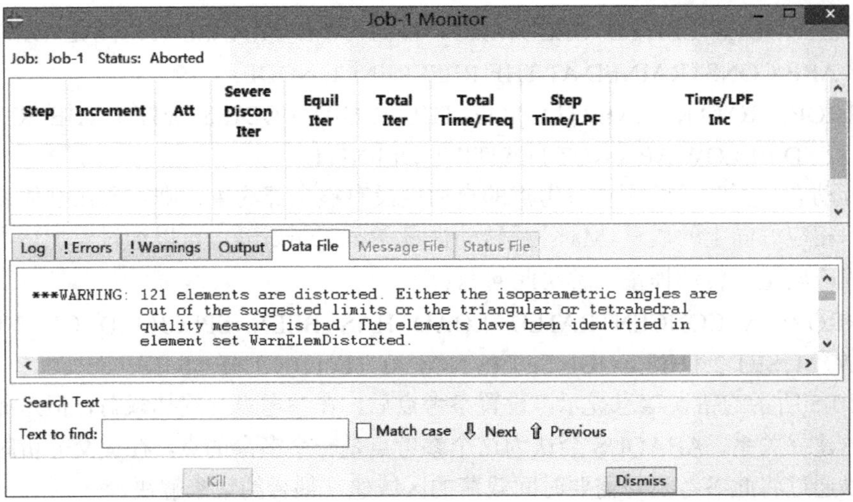

图 10-6 网格划分错误

***ERROR: The volume of 1 elements is zero, small, or negative. Check coordinates or node numbering, or modify the mesh seed. In the case of a tetrahedron this error may indicate that all nodes are located very nearly in a plane. The elements have been identified in element set ErrElemVolSmallNegZero.

如图 10-7 所示的错误信息提示，单元体积为零、过小或不存在。造成这种错误的原因是多种多样的，回到模型，查看上述集合中的单元，如果其形状确实比较异常，体积接近于零，那么就可能是网格本身的问题，可以通过重新划分网格来解决；也有可能这些单元形状是正常的，只是在 ODB 结果文件中有异常，其原因可能是：①这些单元位于接触对的从面上，接触定义中的 Adjust 参数造成从面节点坐标发生变化。可以通过修改接触对两平面的初始距离或修改 Adjust 参数来解决；②可能是这些单元位于绑定约束的从面上，绑定约束定义 Positon Tolerance 参数造成从面节点发生了变化。可以通过去掉 Position Tolerance 复选框来解决。

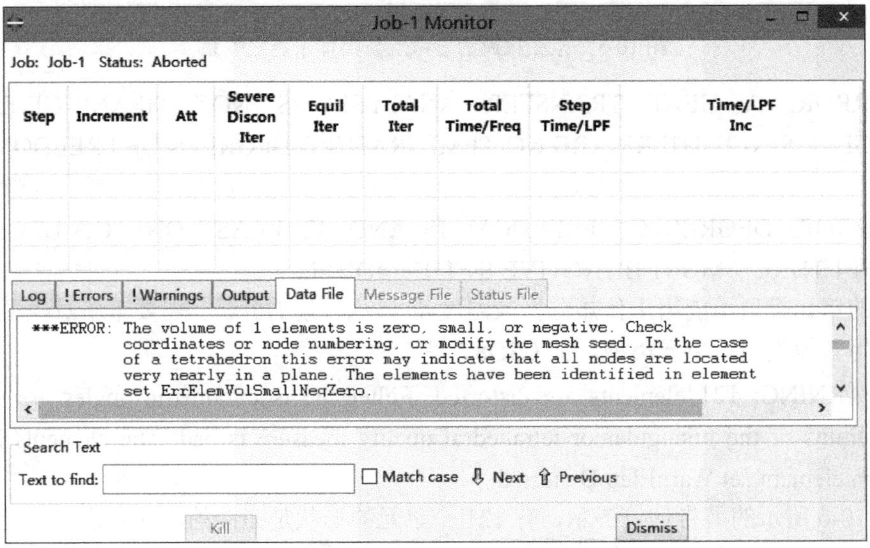

图 10-7 单元体积为零、过小或不存在

10.2.2 MSG 文件常见错误和警告信息

***WARNING: SOLVER PROBLEM. NUMERICAL SINGULARITY WHEN PROCESSING NODE PART-1-1.397 D.O.F. 1 RATIO = 1.68182E+15.

如图 10-8 所示的警告信息提示，出现该数值奇异信息时，有时同时显示负特征值（negative eigenvalue）信息。一般表示模型中存在刚体位移。在静力分析中，必须对模型有足够约束条件，以保证各个平移和转动自由度上都不会出现刚体位移。

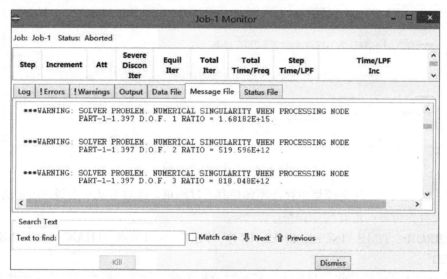

图 10-8　数值奇异信息提示

***WARNING: SOLVER PROBLEM. ZERO PIVOT WHEN D.O.F. 1 OF 1 NODES. THE NODES HAVE BEEN IDENTIFIED IN NODESET …

出现零主元警告信息时，最常见的原因是模型中存在过约束。若 ABAQUS 无法自动解决过约束问题，就会在 MSG 文件上显示 Zero Pivot 和 Over Constraint Checks 警告信息，这是分析往往不收敛。

***WARNING: THE SYSTEM MATRIX HAS 2 NEGATIVE EIGENVALUES.

出现负特征值警告信息通常有以下几种原因。

(1) 没有消除刚体位移。
(2) 单元异常，如单元过度变形，或由于调整接触面上的节点初始位置而造成单元反转。
(3) 应力-应变关系曲线中有负斜率。

负特征值警告不一定意味模型错误，如在接触分析中，可能在最初几次迭代中出现负特征值警告，而接触建立起来以后，就不再出现此警告信息，这是正常现象。

如果在增量步最后一次迭代中也出现负特征值，甚至无法收敛，则应查找模型中是否有以上问题。

***ERROR: TOO MANY ATTEMPTS MADE FOR THIS INCREMENT

如图 10-9 所示的错误信息提示，如果 ABAQUS 按照当前的时间增量步无法在规定的迭代次数内达到收敛，就会自动减小时间增量步。如果这样仍不能收敛，则会继续减小时间增量步。默认达到最小时间增量仍不能收敛，则会停止分析，显示上述错误信息。

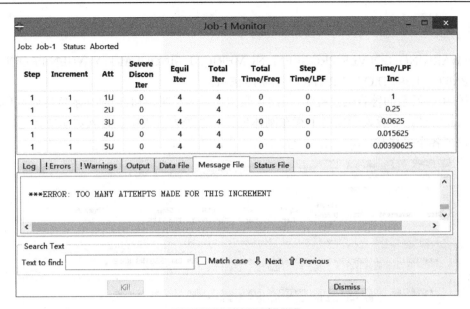

图 10-9　5 次迭代不收敛

分析无法收敛，往往是模型中存在刚体位移、过约束、接触定义不当等。应查询 MSG 文件中的相关警告信息，进行模型调整。

***ERROR: TIME INCREMENT REQUIRED IS LESS THAN THE MINIMUM SPECIFIED

如图 10-10 所示的错误信息提示，在设置分析步时，设置的最小增量步大于计算所需的增量步。一般出现这种问题会导致计算停止，出现问题的原因主要是模型本身的问题或者增量步设置的问题，如果确认模型本身设置正确，则可以通过减小最小增量步来解决这个问题。

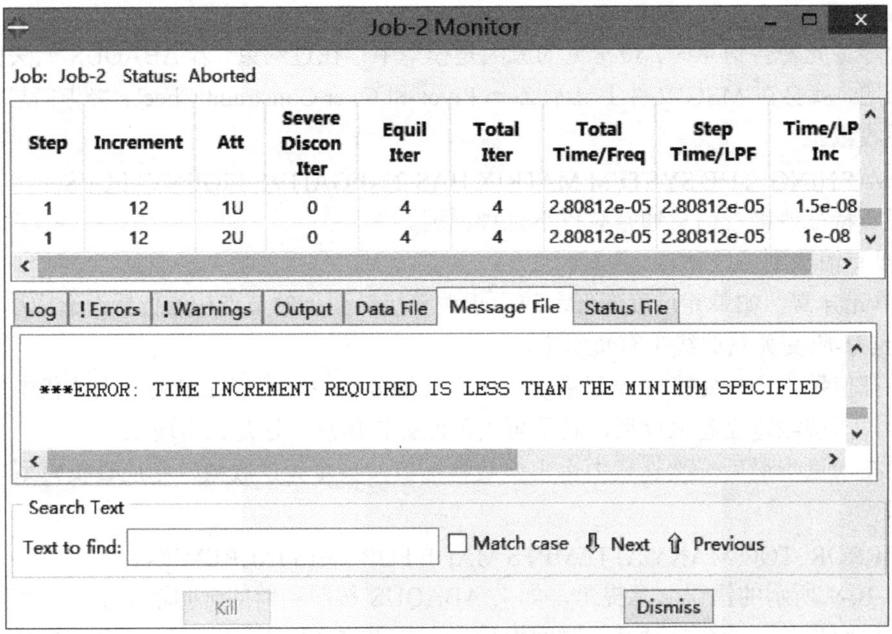

图 10-10　增量步设置问题

10.2.3 LOG 文件常见错误和警告信息

ABAQUS ERROR: The executable D:\ABAQUS\6.9\exec\standard.exeaborted with system error（error code 5）

如果分析异常中止，而在 MSG 文件和 DAT 文件中看不到任何错误信息，只是在 LOG 文件中出现上述信息，有可能是 ABAQUS 内部缺陷造成的。可以去掉模型中不必要的特殊设置，各参数尽量使用 ABAQUS 的默认值。

10.3 小　　结

在 DAT、MSG、LOG 等文件中，许多提示信息都可以汇报求解过程中的问题，这些信息并不都意味着模型出现了错误，但可以为我们进一步完善模型提供方向性指导。由于编者水平有限且 ABAQUS 提示信息过于丰富，本书无法全部列举，仅列举了一些在一般操作中比较常见的错误和警告信息，其他提示信息还需要读者自己在实际操作过程中不断摸索、尝试，总结并积累经验。

参 考 文 献

毕杰春，宁宝宽，黄杰，等，2011. 实验力学[M]. 北京：化学工业出版社.
曹金凤，石亦平，2009. ABAQUS 有限元分析常见问题解答[M]. 北京：机械工业出版社.
长安大学力学实验教学中心，2006. 实验力学[M]. 西安：西北工业大学出版社.
石亦平，周玉蓉，2017. ABAQUS 有限元分析实例详解[M]. 北京：机械工业出版社.
孙训方，方孝淑，关来泰，2009a. 材料力学（Ⅰ）[M]. 5 版. 北京：高等教育出版社.
孙训方，方孝淑，关来泰，2009b. 材料力学（Ⅱ）[M]. 5 版. 北京：高等教育出版社.